Kreiselpumpen und Pumpensysteme

Thomas Merkle

Kreiselpumpen und Pumpensysteme

Betrieb, Instandhaltung und Schadensvermeidung

Bibliografische Information der Deutschen Nationalbibliothek
Die Deutsche Nationalbibliothek verzeichnet diese Publikation in der Deutschen Nationalbibliografie; detaillierte bibliografische Daten sind im Internet über http://dnb.dnb.de abrufbar.

Dischingerweg 5 · D-72070 Tübingen

Internet: www.expertverlag.de
eMail: info@verlag.expert

CPI books GmbH, Leck

ISBN 978-3-8169-3507-0 (Print)
ISBN 978-3-8169-8507-5 (ePDF)
ISBN 978-3-8169-0005-4 (ePub)

Inhalt

Vorwort

Kreiselpumpen werden zur Förderung von sehr unterschiedlichen Fluiden oder Flüssigkeiten eingesetzt. Neben der Förderung von reinen Flüssigkeiten werden sehr häufig auch Flüssigkeiten mit Feststoffbestandteilen transportiert. Abrasive Medien schleifen an Gehäusen und Laufrädern so stark, dass erhebliche Schäden an den Pumpenteilen auftreten.

Dies hat zur Folge, dass die Pumpen je nach Belastung und Zusammensetzung des zu fördernden Mediums und der darin enthaltenen Feststoffe nur eine geringe Standzeit aufweisen und daher unwirtschaftlich werden können. Eine falsche Betriebsweise von Pumpen kann zu Kavitation führen und ebenfalls starker Schäden verursachen.

In diesem Buch wird aufgezeigt, dass sich Schäden und Verschleiß beim Betrieb von Pumpen durch geeignete Maßnahmen reduzieren und teilweise vermeiden lassen. Konstruktive Maßnahmen, vorbeugende Instandhaltung, optimale Wartung und Reparatur von Anlagen, können sowohl die Lebensdauer verlängern als auch Kosten sparen. Der Einsatz von Drehzahlregelung, neuen Technologien zur Beschichtung und Herstellung der Pumpenbauteile kann die Wirtschaftlichkeit von Pumpenanlagen erheblich erhöhen.

Anhand von praktischen Beispielen werden Schadensmechanismen und Zusammenhänge aufgezeigt und bewertet. Es werden Hinweise zu Fehler-management, sowie Vorschläge für Maßnahmen zu Fehlervermeidung und Fehlererkennung gegeben.

Der spezifische Verschleiß, beispielsweise beim Pumpen von Flüssigkeiten mit Feststoffen oder „Spänen“ wird in Theorie und Praxis beschrieben. Pumpen die in der spanenden Metallbearbeitung, bei Werkzeugmaschinen und bei Anlagen zur Förderung von abrasiven Flüssigkeiten eingesetzt werden, unterliegen völlig anderen Betriebsbedingungen als bei der Förderung von reinen, sauberen Flüssigkeiten. Es wird erläutert, dass sich vorausschauende Instandhaltung in wirtschaftlich interessantem Rahmen bewältigen lässt.

Auf tiefergreifende, theoretische Herleitungen und Berechnungen wurde verzichtet, da hierüber bereits ausreichend Fachliteratur vorhanden ist.

Das Buch ist gedacht als Leitfaden, um Schäden minimieren oder vermeiden zu können. Auch als praxisnahe Hilfe für Planer, Anlagenbauer und Betreiber von Anlagen zur spanenden Metallbearbeitung, sowie für die Bereiche Instandhaltung, Wartung und Reparatur von Anlagen, bei denen Pumpen eingesetzt werden. Außerdem für Studierende der Fachbereiche Maschinenbau und Verfahrenstechnik. Die 4. Auflage wurde um das Kapitel Grundlagen ergänzt, mit den Themen Hydraulik, Elektrik, elektrische Antriebe und Regelungsarten.

Tübingen, April 2020 Thomas Merkle

1. Einführung

Kreiselpumpen sind aufgrund ihrer Robustheit sehr weit verbreitet. Sehr viele Förderaufgaben von sehr unterschiedlichen Flüssigkeiten können durch den Einsatz von Kreiselpumpen gelöst werden. Sie eignen sich sowohl für stationäre als auch für instationäre Strömungsverhältnisse. Auch der einfache Aufbau und der geringe Wartungsbedarf begünstigen ihre Anwendung. Dennoch können Kreiselpumpen bedingt durch Schäden auch zerstört werden. Schäden und Verschleiß an Pumpen können sehr unterschiedliche Ursachen haben. Langzeit-schäden treten oft erst nach Jahren auf. Die Art und Intensität der Belastung der Pumpe hat einen sehr entscheidenden Einfluss darauf. Kurzer, getakteter Betrieb, zyklischer oder Dauerbetrieb bestimmen die Lebensdauer der Pumpe. Schäden, die bereits kurz nach der Inbetriebnahme auftreten, lassen sehr häufig auf Planungs- oder Inbetriebnahme-Fehler schließen. Eine falsch ausgelegte Pumpe oder der Betrieb außerhalb des Betriebspunktes können sehr schnell zum Ausfall der Pumpe führen.

Bevor auf die speziellen Ursachen von Verschleiß näher eingegangen wird, sollen Grundlagen betreffende Themen wie Hydraulik, Dimensionierung, Bauformen, Elektrotechnik, elektrische Antriebe und Regelungsarten näher erläutert werden.

1.1. Grundlagen

Die Hauptkomponenten im System Kreiselpumpe sind: Spiralgehäuse, Laufrad, Welle, Motor, Druckdeckel, Gleitringdichtung, oder auch eine Magnetkupplung. Jede einzelne Komponente muss der Anwendung entsprechend angepasst sein. Auftretende Kräfte, das Strömungsverhalten, die Beschaffenheit und die Betriebs-temperatur des Fördermediums erfordern eine sehr genaue Betrachtung der jeweils vorliegenden Anwendung. Viele Probleme während des Betriebs der Pumpe sind auf eine falsche Einschätzung der Anwendung zurückzuführen.

1.1.1. Hydraulische Grundlagen

Die Funktion der Kreiselpumpe basiert auf den hydraulischen Gesetzmäßigkeiten. Die elektrische oder mechanische Energie des Antriebsaggregats wird in Druck- und Bewegungsenergie umgewandelt.

Druck

Kreiselpumpen bewegen eine Flüssigkeit bzw. ein Fluid. Sie erzeugen Druck und Geschwindigkeit. Die im Spiralgehäuse beschleunigte Flüssigkeit fließt im System von Punkt A nach Punkt B, bewirkt durch die von der Pumpe umgesetzte kinetische Energie.

Die Definition von Druck P ist Kraft (N) pro Flächeneinheit in m^2.

Als Einheit gilt Newton je Quadratmeter (N/m^2 = Pa = bar).

1 bar = 10^5 N/m^2 = 10^5 Pa

Der atmosphärische Druck ist die Kraft, die durch das Gewicht der Atmosphäre auf eine Fläche wirkt. Der Druck ist abhängig von der Höhe über dem Meeresspiegel.

Topographische Höhe über Meeresspiegel, N.N. [m]	Luftdruck [hPa] oder [mbar]	Siedetemperatur [°C]
0	1013	100
200	989	99
500	955	98
1000	899	97
2000	795	93
4000	616	87

Tabelle 1: Einfluss der topographischen Höhe auf Luftdruck und Siedetemperatur

Auf der Höhe des Meeresspiegels beträgt der absolute Druck ungefähr 1 bar = 10^5 N/m^2. Je höher sich ein Ort über dem Meeresspiegel befindet, desto geringer ist der Luftdruck und die Siedetemperatur.

Zusammenhang zwischen Druck und Förderhöhe

In einer statischen Flüssigkeit ist die Druckdifferenz zwischen zwei Punkten abhängig vom Höhenunterschied. Die Druckdifferenz wird berechnet, indem die jeweilige Höhe mit der Dichte multipliziert wird.

Im Folgenden sind die wichtigsten druckrelevanten Begriffe definiert:

Statischer Druck Druck der ruhenden Flüssigkeit im System

Reibungsverlust	Verlust (Druck und Energie) der während der Strömung im System aufgrund von Reibung zwischen Flüssigkeit (Fluid) und Rohrinnenwand entsteht.
Dynamischer Druck	Druck, der aufgrund der fließenden Strömung der Flüssigkeit entsteht
Förderdruck	Summe aus statischem und dynamischem Druck im System
Förderhöhe	Der umgerechnete Förderdruck in Meter Wassersäule [mWS]
Differenzdruck	Druck zwischen zwei Punkten in der Rohrleitung der Anlage

Reibungsverluste

Das Auftreten von Reibungsverlusten in Pumpsystemen beeinflusst die Auswahl einer Pumpe. Der Reibungsverlust ist proportional zur Länge der Leitung, dem Förderstrom, dem Rohrdurchmesser und der Viskosität. Verluste in den Komponenten, verursacht durch Strömungen im Rohrleitungssystem – laminare und turbulente Strömung – sind durch Kennwerte bestimmt. Bei turbulenter Strömung kommt es durch erhöhte Geschwindigkeit zu starken Vermischungen und Verwirbelungen.

Reynoldszahl

Laminare und turbulente Strömung werden mit Hilfe der Reynoldszahl definiert. Diese dimensionslose Zahl Re ist abhängig von der Strömungsgeschwindigkeit, dem Rohrdurchmesser und der kinematischen Viskosität. Sie ergibt sich durch die Berechnung:

$$Re = V \cdot DN / \nu$$

Re	=	Reynoldszahl
V	=	Strömungsgeschwindigkeit (m/s)
DN	=	Rohrdurchmesser (mm)
ν	=	kinematische Viskosität Nü (m^2/s)

Allgemeine Richtwerte:

- Laminare Strömung, wenn $Re < 2320$
- Turbulente Strömung, wenn $Re \geq 2320$

Auslegung

Um eine Pumpe auszuwählen, bzw. auszulegen, ist es wichtig die Anlagen-Kennlinie zu ermitteln. Erst dann kann über die Pumpenkennlinie die richtige Pumpe gewählt werden. Die Kennlinie der Pumpe gibt Aufschluss über ihr Betriebsverhalten. Die Pumpenkennlinien sind definiert durch den Förderstrom Q (in m^3/h) und die Förderhöhe H (in m) der Pumpe.

Die Förderhöhe einer Pumpe ist unabhängig von der Dichte (ρ) der Förderflüssigkeit, d.h. eine Kreiselpumpe fördert Flüssigkeiten unabhängig von der Dichte auf gleiche Förderhöhen. Die Dichte muss jedoch bei der Bestimmung des Leistungsbedarfs (P) der Pumpe berücksichtigt werden. Die Förderhöhe ist der umgerechnete Förderdruck (bar) in m Wassersäule.

Druckverlustberechnung

Der Druckverlust bzw. der Druckabfall ergibt sich aus den Reibungsverlusten der Flüssigkeit oder des Fluids durch Reibung in Rohrleitungen, Formstücken und Armaturen. Der Druckverlust ist abhängig von der Geometrie des Systems, der Rauigkeit der Oberfläche, dem Volumenstrom und der Reynoldszahl. Zur Berechnung stehen zwischenzeitlich verschiedene Berechnungsprogramme, viele auch online zur Verfügung. Beispielsweise unter:

- www.druckverlust.de/online-Rechner
- www.lgrain
- www.nussbaum.ch/de/druckverlustberechnung

Drehzahlregelung

Die exakte Anpassung der Pumpenleistung an den tatsächlichen Bedarf mittels Drehzahlregelung durch Frequenzumrichter ist Stand der Technik. Alleine schon durch gesetzliche Vorgaben der Europäischen Union (EU) bezüglich der Energieeffizienz, ist die Optimierung des Energieverbrauchs beim Betrieb von Pumpen festgeschrieben. Neben teilweise hohen Energieeinsparpotentialen liegen verschiedene Vorteile auf der Hand:

- optimale Leistungsanpassung
- schonender Pumpenbetrieb
- gleichmäßige Strömung, wenig Druckstöße
- hoher Gesamtwirkungsgrad der Anlage
- weniger störende Ein-/Ausschaltvorgänge

1.1.2. Elektrotechnische Grundlagen

Der Betrieb von Maschinen mit elektrischen Antrieben ist sehr weit verbreitet und hat viele Vorteile. Die elektrische Energie ist die hochwertigste Energieform. Sie ist sauber, energieeffizient und in industrialisierten Ländern fast überall verfügbar. Sie lässt sich leicht transportieren, ist umwandelbar und speicherbar. Elektrische Antriebe lassen sich einfach regeln und verursachen relativ niedrige Geräusch-emissionen. Basierend auf diesen Vorteilen werden die meisten Pumpen mit Elektromotoren angetrieben. Elektromotoren sind elektromechanische Energie-wandler, die elektrischen Strom in Bewegungsenergie bzw. Rotationsenergie umwandeln. Die Drehbewegung bewirkt den Antrieb des Pumpenlaufrades über die Welle. Die Motoren sind geprägt durch folgende Einflussfaktoren: Strom, Spannung, elektromagnetisches Feld, mechanische Abmessungen, Drehmoment, Drehzahl, Kraft, Geschwindigkeit, Materialien, Verluste in Leitern und magnetischen Werkstoffen, sowie Kühlung. Die Basisparameter beim elektrischen Strom und ihre jeweiligen Einheiten sind:

Strom (I):	Ampere (A)	Spannung:	U = R • I
Spannung (U):	Volt (V)	Leistung:	P = U • I
Widerstand (R):	Ohm (Ω)		
Leistung (P):	Watt (W)		
Frequenz (f):	Hertz (Hz)		

Bei der Elektrizität unterscheidet man die 3 Stromarten: Gleichstrom, Wechselstrom und Drehstrom. Wobei der Drehstrom aus einer Überlagerung von 3 Wechsel-strömen erzeugt wird.

Gleichstrom

Der Gleichstrom fließt immer in die gleiche Richtung und ändert seine Stärke nicht. Gleichstrom kann erzeugt werden in Gleichstromgeneratoren, wie z. B. in der Licht-maschine des Kraftfahrzeugs, (gespeichert in Batterien), Brennstoffzellen, und Photovoltaikmodulen (photoelektrische Solarzellen). Mit Wechselrichtern kann der Gleichstrom in Wechselstrom umgewandelt werden. Bei vielen Anwendungen im Privatbereich wie Netzteilen, Ladegeräten, Akkus oder auch bei verschiedenen Leuchten wird Gleichstrom benötigt.

Hochspannungsleitungen führen Drehstrom und ermöglichen zwar eine einfache Spannungstransformation, jedoch treten bei der Übertragung von Gleichstrom über große Entfernungen weniger Verluste auf. Ein weiterer Vorteil des Gleichstroms ist, dass er gespeichert werden kann. Infolge der zunehmenden Verbreitung der Elektro-mobilität und der Speicherung von Solarstrom in Gebäuden wird Gleichstrom in Zukunft an Bedeutung gewinnen.

Wechselstrom

Der Wechselstrom ändert entsprechend seiner Erzeugung im Generator regelmäßig seine Bewegungsrichtung und seine Stärke. Durch die alternierende Spannung unterscheidet sich der Wechselstrom vom Gleichstrom. Der Abstand zwischen dem 0-Durchgang und der Amplitude (höchster Punkt) entspricht der Höhe der Spannung in Volt (V). Sie ist einmal positiv und einmal negativ gerichtet. Eine Schwingung (0 >< Plus-Amplitude >< 0 >< Minus-Amplitude>< 0) ist eine Periode. Die Anzahl der Perioden in einer Sekunde bezeichnet man als Frequenz. Frequenz wird in Hertz (Hz) angegeben. In Deutschland und Europa arbeitet das Stromnetz mit 50 Hz = 50 Perioden in einer Sekunde. In anderen Ländern u.a. in den USA und in einigen Staaten Südamerikas hat das Stromnetz 60 Hz.

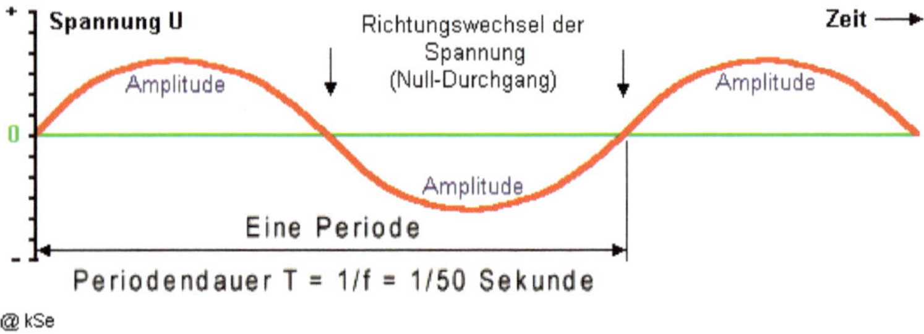

Diagramm1: Sinuskurve bei Wechselstrom [1]

Die Stromnetze im Gebäudebereich führen 230 V Wechselstrom. Bei Maschinen oder Anlagen höherer Leistung, wird „Kraftstrom" bzw. Drehstrom mit 400 V benötigt.

Drehstrom

Beim Drehstrom werden drei Wechselströme überlagert. Dies erfolgt in drei gleichen Zeitabständen. Die Spannungskurven der drei Phasen sind in der Abbildung unten dargestellt (Diagramm 2). Der Drehstrom ist sozusagen ein dreiphasiger Wechsel-strom, der nacheinander in drei gleichen Zeitabständen aufgeteilt ist. Durch diese Besonderheit kann der Strom mit nur drei Stromleitern (Phasen L1, L2 und L3) transportiert werden. Im Niederspannungsnetz (örtliches Stromnetz) besteht noch ein vierter Stromleiter, der Null- oder Neutralleiter. Bei der Klemmung im Nieder-spannungsnetz von nur einer der drei Phasen (L1, L2, L3) mit dem Neutralleiter (N) kann man Wechselstrom entnehmen (230 Volt). Bei Klemmung von zwei Außenleitern (z. B. L1 zu L3) erhält man Drehstrom mit 400 Volt Spannung.

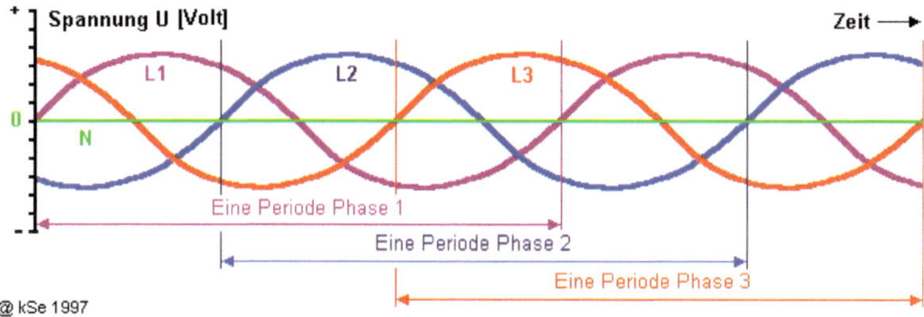

Diagramm 2: überlagerte Sinuskurven bei Drehstrom [1]

In Deutschland und Europa hat Drehstrom ebenfalls eine Frequenz von 50 Hz, in anderen Ländern sind wie auch beim Wechselstrom 60 Hz verbreitet.

1.1.3. Hinweise zu Auswahl und Dimensionierung

Jede Pumpenanlage funktioniert so gut und störungsfrei, je präziser die Planungsaufgaben erledigt wurden und die Bauausführung erfolgte. Ein großer Teil von Störungen sind auf Planungs- und Dimensionierungsfehler zurückzuführen (s.a. VDMA-Studien).

Vor allem Kosten lassen sich durch eine präzise Planung und exakte Bauausführung sparen. Folgekosten, die erst nach einiger Zeit entstehen, lassen sich durch geeignete Maßnahmen vermeiden. Dazu gehören insbesondere:

- Genauen Betriebspunkt festlegen (Anlagenkennlinie, Pumpenkennlinie)
- Strömungsverluste berücksichtigen
- Sauganforderungen prüfen (Saugleitung, ob selbstansaugend)
- Betriebspunkt-Anpassung (Drehzahl-Regelung, FU)
- Viskosität berücksichtigen (Wasser, Öl, andere Flüssigkeiten)

Außerdem müssen folgende Faktoren berücksichtigt werden:

- Die Aufstellung der Pumpe (Bodenfundament, Sockel, etc.)
- Saug- und Druckleitung (Durchmesser, Länge)
- Die Art der Pumpe muss ausgesucht werden in Bezug auf: Viskosität, Dichte, Temperatur, Systemdruck, Materialanforderungen, etc.
- Die richtige Pumpengröße muss abgestimmt sein auf: Förderstrom, Druck, Drehzahl, Ansaugbedingungen und Art des Fördermediums

Grundlegende, zu beachtende Eigenschaften der Fördermedien sind:

- Viskosität (Reibungsverluste)

- Korrosivität (Korrosion)
- Abrasivität (Abrieb)
- Temperatur (Kavitation)
- Dichte
- chemisches Reaktionsverhalten (Dichtungsmaterial)

Aufstellung/Verrohrung

Die Pumpe sollte mit möglichst kurzen Rohrleitungen im System an den Behälter oder an das Objekt, aus der die Flüssigkeit gepumpt werden soll, montiert werden. Es sollten möglichst wenig Ventile und Bögen verwendet werden, um den Druck-verlust in der Rohrleitung zu minimieren. Die Pumpen müssen auf einem festen Fundament fixiert sein und vor der Inbetriebnahme exakt ausgerichtet werden. Die Verrohrung und die Rohranschlüsse, müssen ausreichend groß dimensioniert werden und dem Förderstrom angepasst werden. Kleine Rohrabmessungen sind zwar preisgünstiger, bringen jedoch Strömungsverluste und die Gefahr der Kavitation beim Betrieb der Pumpe. Die Saugleitung soll eine Stufe größer als die Druckleitung sein. Beispielsweise: Druckleitung 2“, folglich Saugleitung 2 ½ “.

Angeschlossene Rohrleitungen müssen spannungsfrei montiert werden, so dass keine Kräfte auf die Stutzen der Pumpe wirken. Temperaturbedingte Ausdehnungen des Rohrleitungssystems sollten durch Kompensatoren ausgeglichen werden. Steht die Pumpe fest auf einer Bodenplatte, muss gewährleistet sein, dass das Rohrsystem Spannungen und Ausdehnungen auffangen kann (z. B. über Bogen oder Kompensator).

Saugleitung

Bei normalsaugenden Kreiselpumpen darf keine Luft in die Pumpe gelangen. Dies würde die Leistung beeinträchtigen, im Extremfall würde die Pumpe nicht mehr fördern. Um Störungen wie beispielsweise Turbulenzen zu vermeiden, sollte die Saugleitung eine gerade Einlaufstrecke beinhalten, die mindestens fünf Mal so lang ist wie der Durchmesser des Einlaufstutzens.

Druckleitung

Die Förderhöhe ergibt sich aus den Reibungswiderständen der in der Druckleitung eingebauten Komponenten wie Ventile, Wärmetauscher, Filter, etc., der Rohrleitung und der geodätischen Höhendifferenz. Auch der Förderstrom wird beeinflusst.

1.1.4. Bauformen von Kreiselpumpen

Aufstellungsart

Eine grundsätzliche Untergliederung ergibt sich nach der Aufstellungsart. Man unterscheidet trocken aufgestellte Pumpen, nass aufgestellte Behälterpumpen und Unterwasserpumpen. Trocken aufgestellte Pumpen werden in einer Anlage verbaut oder neben einer Anlage montiert. Bei Behälterpumpen befindet sich der hydraulische Teil im Behälter bzw. in der Flüssigkeit. Unterwasserpumpen sind komplett in der zu fördernden Flüssigkeit. Der Motor muss deshalb wasserdicht verkapselt sein.

Laufradformen

Je nach Anforderung bezüglich Förderdruck und Fördermenge werden verschiedene Laufräder eingesetzt. Dies sind: Radialrad, Halbaxialrad, Diagonalrad oder Axialrad.

Die spezifische Drehzahl n_q ergibt das Unterscheidungsmerkmal.

Die spezifische Drehzahl $n_q = n \cdot Q^{1/2} \cdot H^{3/4}$

Wobei:

n	=	Drehzahl in 1/Min
Q	=	Fördermenge in m^3/h
H	=	Förderhöhe in m

Es ergeben sich folgende Anwendungen bezüglich der spezifischen Drehzahl:

Radialrad:	n_q	=	10-40, hoher Druck, geringe Menge
Halbaxialrad:	n_q	=	40-80, mittlerer Druck, mittlere Menge
Diagonalrad:	n_q	=	80-160, hoher Druck, große Menge
Axialrad:	n_q	=	110-500, geringer Druck, große Menge

Sonderform Pumpenturbine

Die Pumpenturbine ist eine Sonderform der Kreiselpumpe. Wie der Name der Strömungsmaschine schon sagt, hat eine Pumpenturbine – oder auch Turbinen-pumpe genannt – 2 Funktionsweisen:

1. Angetrieben durch einen Elektro-Motor, wird die Pumpe zur Förderung einer Flüssigkeit eingesetzt. Funktion: Erhöhung von Druck und Geschwindigkeit des Fördermediums.
2. Die Pumpe wird in umgekehrter Richtung betrieben, also rückwärtslaufend, d. h. am eigentlichen Druckstutzen der Pumpe erhält sie Zulauf,

beispielsweise aus einem Behälter oder Fallrohr. Funktion: die Pumpe wirkt als Turbine und erzeugt elektrischen Strom. Ein angeschlossener Asynchronmotor oder Synchronmotor kann hierbei als Generator betrieben werden. Strömungsbedingt kommt am besten ein halbaxiales Laufrad zum Einsatz (n_q = 40-80).

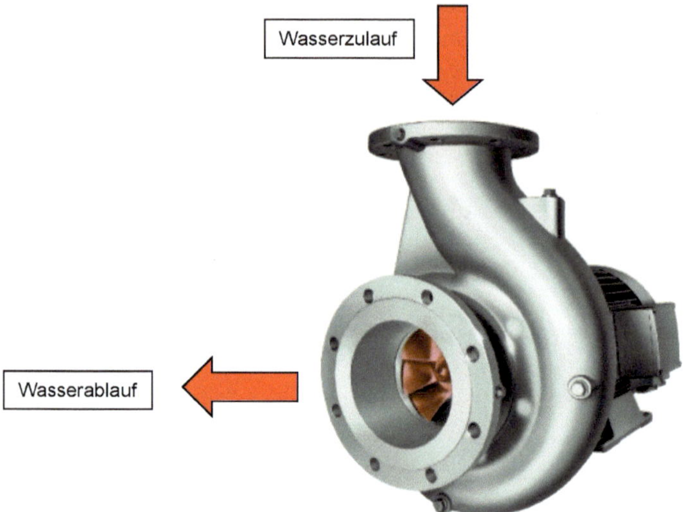

Bild: Pumpenturbine

Bild 1: halbaxiales Laufrad

Durch ein Drosselventil wird Energie abgebaut und fließt als Verlust in die Energie-bilanz mit ein. Diese Aufgabe des Drosselventils kann von der Pumpenturbine übernommen werden. Der Druckabbau im Förderstrom wird von der Pumpenturbine in elektrischen Strom umgewandelt.

Anwendungsbeispiel

Im einem Wasserwerk wurden Pumpenturbinen (Stromgewinnungsanlagen) in den Zulauf des Zwischenbehälters und des Endbehälters (Hochbehälters) installiert. Es erfolgt keine Energieeinspeisung ins öffentliche Netz, da die erzeugte Energie zur Minderung des Eigenenergieverbrauchs bzw. zur Deckung der eigenen Dauerlast genutzt wird. Die Pumpenturbine wird über pneumatisch gesteuerte Klappen sowie ein vorgeschaltetes bestehendes Ringkolbenventil (RKV) vom Hochbehälter gesteuert und betrieben.

Standardmäßig erfolgt die Einspeisung aus dem Hochbehälter über die Pumpenturbine. Dazu wird die der Pumpenturbine vorgeschaltete Klappe geöffnet und danach das RKV aufgefahren. Bei Erreichen der Nenndrehzahl erfolgt die Anschaltung an das elektrische Netz. Bei Außerbetriebnahme der Pumpenturbine oder bei Störungen erfolgt die Einspeisung vom Hochbehälter über eine Umfahrungsleitung mit einer pneumatischen Klappe. Die Durchflussmengenregelung erfolgt dann über das vorgeschaltete RKV.

Pumpenturbinen haben zwar einen geringfügig schlechteren Wirkungsgrad als klassische Turbinen. Dafür sind sie aber erheblich kostengünstiger, robuster und wartungsfreundlicher.

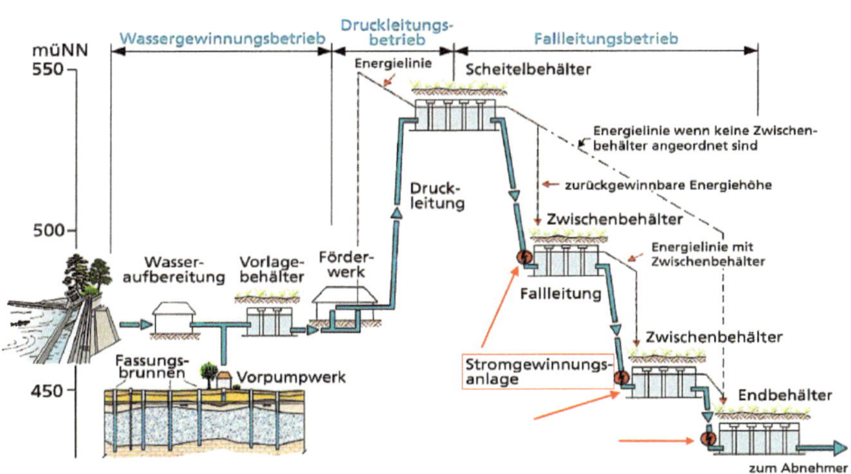

Bild 2: Pumpenturbinen (Stromgewinnungsanlagen) in den Fall-Leitungen (Landeswasserversorgung BW) [28]

1.1.5 Abdichtungsarten Motor - Hydraulik

Je nach Anforderung seitens der Anwendung werden zur Abdichtung der Pumpenhydraulik gegen den Antriebsmotor die dynamisch dichtende Gleitring-dichtung oder statisch dichtende Magnetkupplungen und Spaltrohrmotoren eingesetzt.

Gleitringdichtung

Die Gleitringdichtung ist eine dynamische, kostengünstige Komponente, ist aber nicht zu 100 % dicht, sondern hat eine minimale Leckage. Deshalb ist sie nicht für die Lebensmittelbranche und nur bedingt für Pumpen in der Chemiebranche geeignet. Da die Gleitringdichtung noch in einem späteren Kapitel genauer beschrieben wird, soll hier nicht näher auf diese Dichtungsart eingegangen werden.

Magnetkupplungspumpen

Diese Abdichtungsart zwischen Motor und Pumpenhydraulik findet vor allem bei Chemiepumpen und Lebensmittelpumpen ihren Einsatz. Die Hauptkomponenten sind Innenrotor, Außenrotor, Spalttopf und Lager (radial und axial). Die Motorwelle ist mit dem Außenmagnetrotor verbunden und überträgt berührungslos die Magnetkräfte auf den Innenmagnetrotor. Der Außenrotor ist auf der Innenseite, der Innenrotor auf der Außenseite mit Dauermagneten bestückt. Die beiden Rotoren sind getrennt durch einen Spalttopf. Dieser Spalttopf ist das dichtende Element, er dichtet das Fördermedium gegen die Umgebung ab. Die Gleitlager werden durch das Fördermedium geschmiert. Diese Kupplungsart ist hermetisch dicht, ohne Leckage. Es lassen sich durchaus Anwendungen realisieren, bei denen Drücke von 25 bar und Temperaturen von 250 °C auftreten.

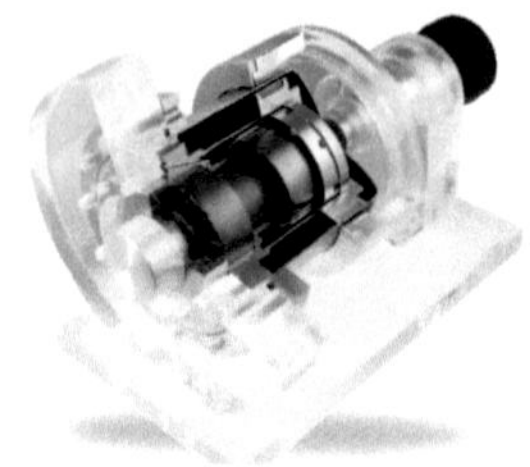

Bild 3: Magnetkupplung [12]

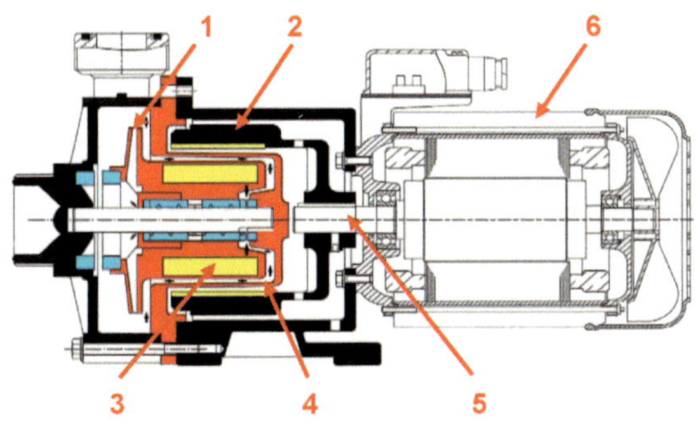

1 Laufrad
2 Außenrotor
3 Innenrotor
4 Spalttopf
5 Welle
6 Motor

Bild 4: Pumpe mit Magnetkupplung [43]

Spaltrohrmotorpumpen

Bei dieser Kreiselpumpenart bilden Motor und Pumpe eine integrierte Einheit. Die Pumpe ist in Blockbauweise konzipiert, d. h. auf der durchgehenden Motorwelle ist das Laufrad montiert. Das Spaltrohr dient als Dichtungselement, weshalb keine dynamische Dichtung notwendig ist.

Die Motorwicklung (feststehender Stator) befindet sich zwischen Motorgehäuse (Rahmen) und Spaltrohr. Dadurch ergibt sich eine doppelte Dichtigkeit: Motormantel + Spaltrohr. Das feststehende Spaltrohr umschließt den Rotor und dichtet die Rotorkammer nach außen ab. Das Fördermedium zirkuliert direkt in der Rotorkammer, kühlt dabei den Motor und schmiert die Gleitlager. Zur Kühlung des Motors ist kein Lüfter notwendig, so dass die Pumpe sehr geräuscharm arbeitet. Die doppelte Dichtigkeit minimiert die Gefahr von Leckagen. Deshalb kommt dieser Pumpentyp bei Chemiepumpen, bei explosiven, brennbaren und giftigen Flüssigkeiten zum Einsatz.

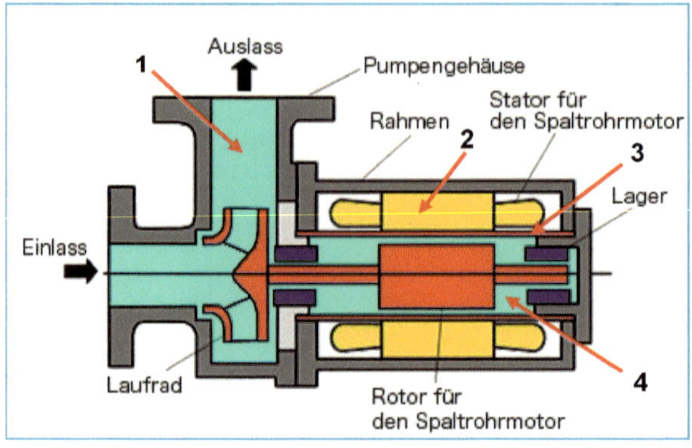

1 Fördermedium
2 Motorwicklung
3 Spaltrohr
4 Rotorkammer

Bild 5: Pumpe mit Spaltrohrmotor [44]

1.1.6 Abwasserpumpen

Kreiselpumpen, die Flüssigkeiten mit Feststoffbestandteilen fördern müssen, haben je nach Belastung und Zusammensetzung des zu fördernden Mediums und der darin enthaltenen Feststoffe eine geringere Standzeit. Sie können schnell unwirtschaftlich werden. Die Förderung von Wasser mit Feststoffen, die zudem hart sind, bewirken schädigende Abrasion an den Pumpenkomponenten. Eine Reduzierung der Durchflussgeschwindigkeit wirkt sich dabei verschleißmindernd aus (V=2-3 m/s).

Bei Feststoffen mit hohem Feststoffanteil empfiehlt es sich, spezielle Frei-strom-pumpen mit offenem Laufrad einzusetzen. Die Feststoffe führen nicht wie beim geschlossenen Laufrad zu Verstopfung, sondern werden im Spiralgehäuse durch die zu fördernde Flüssigkeit mitgerissen und über den Druckstutzen wieder aus dem Pumpengehäuse heraus transportiert. Für Förderprozesse, bei denen langfaserige Feststoffe gepumpt werden müssen, eignen sich Pumpen, die mit einem Schneid-werk ausgerüstet sind.

1.1.7. Elektrische Antriebe

Die wichtigsten elektrischen Antriebe für Pumpen im industriellen Bereich sind Drehstrommotoren. Neben Wechselstrommotoren, die ihre Anwendung haupt-sächlich im Gebäudebereich finden, sind Gleichstrommotoren in Konsumgütern und in Kraftfahrzeugen weit verbreitet.

Drehstrommotoren
Drehstrommotoren sind aufgrund ihrer Leistungsfähigkeit und Robustheit im industriellen Umfeld dominierend.

Asynchronmotoren
Bei diesem Motor-Typ läuft der Rotor dem Drehfeld nach (asynchron). Der Motor ist gekennzeichnet durch einen einfachen und robusten Aufbau, mit geringen Wartungs-anforderungen. Der Motor ist stoßlastfest und hoch überlastbar, Selbstanlauf ist bei voller Last möglich. Dieser Motortyp ist auch als Generator zu betreiben. Bis 4 kW wird er im Direktanlauf, ab 5,5 kW in Stern-Dreieck-Schaltung gestartet. Asynchronmotoren sind mit die kostengünstigsten Drehstrommotoren.

Synchronmotoren
Hierbei herrscht Synchronlauf von Drehfeld und Rotor vor. Seine Vorteile liegen im Schwachlastbereich, die Läuferverluste sind geringer als beim Asynchronmotor.

Kleinere Baugrößen (BG 80 anstatt BG 100) sind möglich, was bei vielen Anlagen konstruktive Vorteile bietet. Diese Motoren können auch als Generator betrieben werden. Sie haben einen höheren Wirkungsgrad, aber auch höhere Investitions-kosten als Asynchronmotoren zu verzeichnen.

Permanentmagnet-Synchronmotoren(PM)
Synchronmotor, bei dem die Magnetisierung durch Permanentmagnete erfolgt. Dieser Motor-Typ ist nicht selbststartend, es ist eine Steuerungselektronik (extern) notwendig. Seine Vorteile sind:

- höhere Effizienz im Teillastbereich im Vergleich zum Asynchronmotor
- internes Rotordesign, drehender Rotor befindet sich im Innern des Stators
- bis zu 2 Baugrößen kleiner als Asynchronmotor

Der Nachteil dieses Motortyps ist, dass die Materialien für Magnete, die seltenen Erden teuer und auch nicht leicht verfügbar sind. Das Hauptvorkommen der seltenen Erden liegt in China und in der Mongolei.

Reluktanzmotoren
Das Prinzip ist ein altbekannter Synchronmotor. Der Motor wurde schon im Jahre 1923 vorgestellt. In ihm sind keine Permanentmagnete verbaut. Die Rotorbleche aus Eisen werden über den Frequenzumrichter magnetisiert. In dem

Motor wird das Prinzip der magnetischen Reluktanz genutzt, d. h. dem magnetischen Pendant zum elektrischen Widerstand.

Vergleichbarer Effekt: ein Eisenkern wird magnetisiert, wenn er durch einen Elektro-magnet angezogen wird. Der Motor besitzt eine höhere Effizienz im Teillastbereich im Vergleich zum Asynchronmotor und ist überlastbar, d.h. um ca. 10-20 % über der Nennlast, auch für eine längere Dauer.

Bild 6: Prinzip Reluktanzmotor, „Luft und Eisen“ [39]

Durch die spezielle Gestaltung der Rotorbleche besteht der Rotor sozusagen aus „Luft und Eisen“. Dadurch ergibt sich in der einen Richtung ein geringer magnetischer Widerstand und rechtwinklig dazu ein hoher magnetischer Widerstand. Sobald Spannung anliegt, kommt das Prinzip der magnetischen Reluktanz zum Tragen und der Rotor dreht sich.

Motor-Typen	Asynchron	Synchron	Reluktanz	Permanent-Magnet (PM)
Effizienz	+ (IE3)	++ (IE3/IE4)	+++ (IE4)	+++ (IE4)
Elektronik notwendig	--	xx	xxx	xxx
Selbststart	x	--	--	--
Permanent-Magnet notwendig	--	--	--	x
Preis	x	xx	xxx	xxxx

Tabelle 2: Vergleich der verschiedenen Drehstrom-Motor-Typen

Stern-Dreieck-Schaltung bei Drehstrommotoren
Im Anlauf beim Start des Motors erfolgt eine sehr hohe Stromaufnahme. Bei direkter Einschaltung liegt diese beim 5- bis 8- fachen Bemessungsstrom. Deshalb werden Drehstrommotoren nur bis 4 kW im Direktanlauf gestartet und ab 5,5 kW in Stern-Dreieck-Anlauf geschaltet.

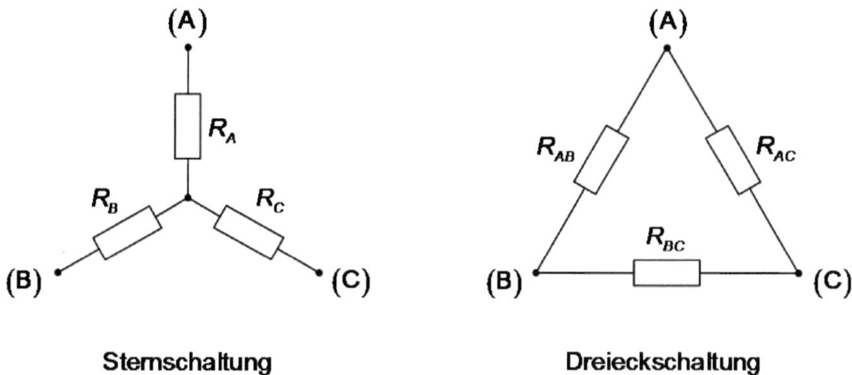

Bild 7: Stern-Dreieck-Schaltung [19]

Der Motor wird im Stern gestartet und nach dem Hochlauf auf Dreieck umgeschaltet. Dadurch ist der Einschaltstrom nur ca. 1/3 so groß als wie beim Direktanlauf im Dreieck. Dies schützt den Motor vor Überlast und ermöglicht einen schonenden Betrieb.

Wechselstrommotoren
Wechselstrommotoren sind einphasig und werden mit Wechselstrom betrieben. Zum besseren bzw. verstärkten Anlaufverhalten wird ein Kondensator eingesetzt. Durch diesen Anlaufkondensator erhöht sich das Startdrehmoment. Diese Motoren werden dort eingesetzt, wo nur ein Einphasenstromnetz vorhanden ist. Anwendungen finden sich beim Antrieb von Maschinen, Werkzeugen, Ventilatoren, Kompressoren und Pumpen.

Bild 8: Wechselstrommotor mit Kondensator [27]

Gleichstrommotoren

Gleichstrommotoren sind sehr kostengünstig und in Konsumgütern weit verbreitet. Sie eignen sich für geringe Leistungen. Auch in Kraftfahrzeugen finden sich Gleichstrommotoren. Nachteilig ist ein schlechterer Wirkungsgrad als bei Drehstrom- und Wechselstrom-Motoren. Aufgrund ihrer guten Regelbarkeit und des guten Anlaufverhalten gewinnen sie aber wieder an Bedeutung, auch in industriellen Produktionsanlagen. Da auch Photovoltaikanlagen Gleichstrom liefern, entstehen keine Umwandlungsverluste bei der Einspeisung des Solarstroms ins betriebseigene Netz zum Direktverbrauch. Somit werden auch Pumpen mit Gleichstrommotoren für industrielle Produktionsanlagen an Bedeutung gewinnen.

1.1.8. Verschiedene Regelungsarten

Im Folgenden werden die verschiedenen Regelungsarten dargestellt, die bei Pumpensystemen zum Einsatz kommen. Je nach Anwendungsbedarf sollte die sinnvollste Lösung ausgewählt werden. Eine Gesamtbetrachtung sollte über die Regelungsart entscheiden. Die Prioritäten können sein: einfach, oder energie-effizient, oder kostengünstig oder flexibel. Die Regelungsarten im Einzelnen:

Start / Stopp-Regelung, Bypass-Regelung, Drossel-Regelung.

Start-Stopp-Regelung

Diese Regelungsart bietet sich an für Systeme, mit einem variierenden Bedarf, beispielsweise wenn mehrere kleine Pumpen parallelgeschaltet werden. Dabei addieren sich die Durchflussmengen, die Drücke nicht. Lastabhängig werden einzelne Pumpen zu- oder abgeschaltet. Dies erfolgt durch eine einfache Ein-/Aus-Schaltung. Diese Pumpen-Regelung ist aufgrund ihrer Einfachheit weit verbreitet.

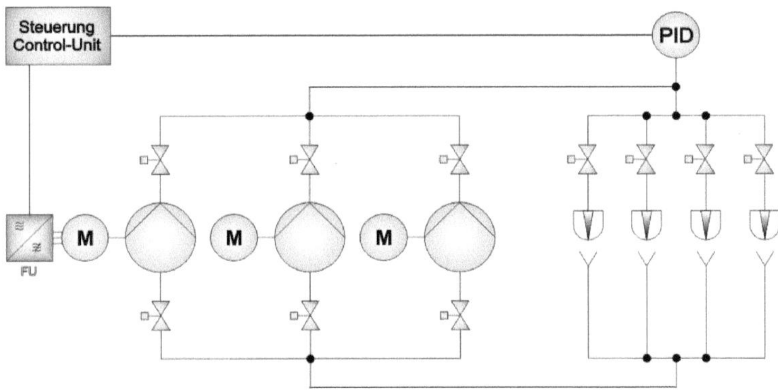

Bild 9: Start-Stopp-Regelung

Regelung mit Bypass-Ventil

Durch ein Bypass-Ventil, das parallel zur Pumpenleitung installiert wird, fließt ein Teil der Strömung zurück in den Saugbereich. Ist nach einem Umbau einer Anlage beispielsweise die bereits vorhandene Pumpe zu groß, lässt sich durch den Bypass das Fördervolumen reduzieren. Diese Maßnahme ist zwar nicht sehr energieeffizient, bietet aber eine einfache und kostengünstige Lösung zur Anpassung der Pumpenleistung (Fördervolumen und Druck) an die umgebaute Anlage.

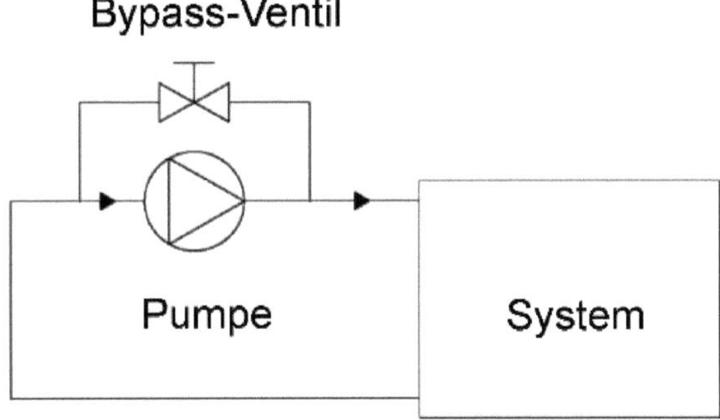

Bild 10: Regelung mit Bypass-Ventil

Regelung mit Drosselventil

Das Drosselventil wird hierbei auf der Pumpen-Druckseite in Reihe zur Pumpe geschaltet. Dieses Ventil regelt sowohl die Fördermenge als auch den Förderdruck. Diese Maßnahme wird beim Umbau von Systemen angewandt, bei denen Pumpen mit hoher Förderhöhe eingebaut sind.

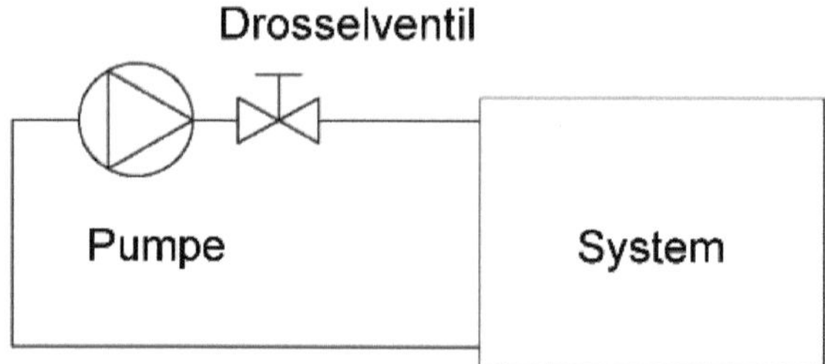

Bild 11: Regelung mit Drossel-Ventil

Regelung mittels Drehzahländerung des Motors

Dies ist die energieeffizienteste Pumpen-Regelung. Auf diese Regelungsart wird in Kap. 4.1.3.1 noch näher eingegangen, weshalb hier nur eine kurze Darstellung erfolgt. Bei der Drehzahl-Regelung geschieht die Einstellung des gewünschten Betriebspunktes entlang der Anlagenkennlinie. Da sich bei dieser stufenlosen Regelung über die Drehzahl von Pumpe/Motor, auch die zugeführte elektrische Leistung des Motors reduziert, ist dies eine sehr energiesparende Lösung. Bezogen auf einen langen Lebenszyklus der Pumpenanlage ist dies auch sehr kosteneffizient.

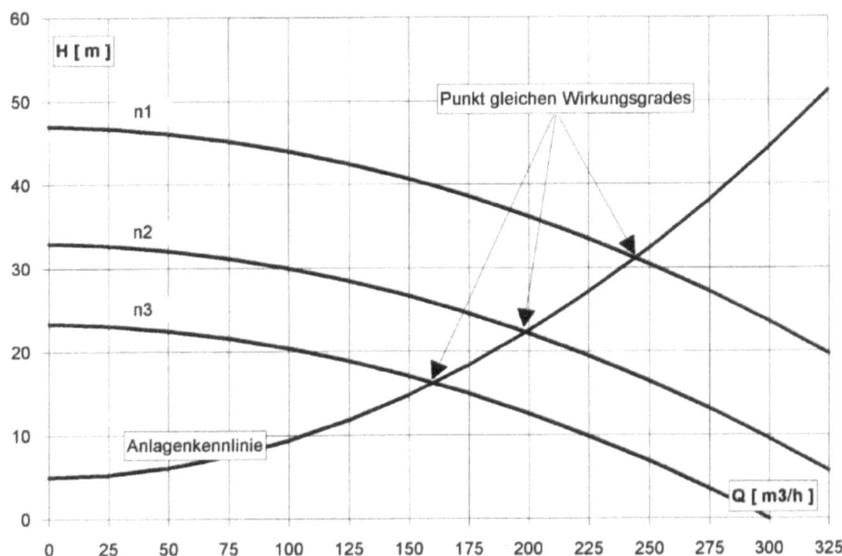

Diagramm 3: Regelung mittels Drehzahländerung

2. Verschleiß

Bewegen sich Bauteile und entsteht dabei Reibung, treten Verschleißerscheinungen auf. Mechanische Belastungen und Strömungen von Flüssigkeiten können Material-abtrag und Schäden an Bauteilen bewirken.

2.1. Ursachen und Auswirkungen von Verschleiß an Kreiselpumpen

Sehr unterschiedliche Belastungen können Störungen, Verschleiß oder auch den Total-Ausfall einer Pumpe bewirken. Dies können Fremdkörper in Gehäuse, Laufrad oder Leitung sein, Überlastung, falsche Betriebsweise, die zu Kavitation führt, oder eine defekte Gleitringdichtung, die Leckage zur Folge hat.

Auch die Förderung von Flüssigkeiten mit Feststoffen, die zudem hart sind, bewirken schädigende Abrasion an den Pumpenkomponenten. Eine Reduzierung der Durch-flussgeschwindigkeit wirkt sich dabei verschleißmindernd aus. Die Förderung von speziellen Medien, die stark alkalisch sind, Kochsalzlösung, Säuren oder auch Meerwasser bewirken mehr oder minder Korrosionserscheinungen. Auch ungeplante Laständerungen ohne Leistungsanpassung haben negative Auswirkungen.

2.1.1. Fremdkörper im System

Feststoffpartikel wie Metall-Späne, Ablagerungen, Schleifpartikel (Sand, Korund, etc.) aber auch Komponenten wie Schrauben, Muttern oder abgebrochene Bohrer werden sehr oft mit der Flüssigkeit mitgefördert, können aber auch die Pumpe zerstören. Bei Feststoffen mit mehreren Millimetern Durchmesser empfiehlt es sich spezielle Freistrompumpen mit offenem Laufrad einzusetzen.

Für Förderprozesse, bei denen Späne mit einer Länge von mehreren Millimetern mitgepumpt werden müssen, gibt es bereits Pumpen, die mit einem Schneidwerk ausgerüstet sind. Die Späne werden bereits außerhalb, vor Eintritt in das eigentliche Pumpengehäuse, zerkleinert. Die kleingehackten Späne können dann durch das Pumpengehäuse angesaugt werden.

Die Feststoffpartikel führen nicht wie beim geschlossenen Laufrad zu Verstopfung, sondern werden im Spiralgehäuse durch die zu fördernde Flüssigkeit mitgerissen und über den Druckstutzen wieder aus dem Pumpengehäuse heraus transportiert.

Bild 12: Freistrompumpe mit Sperrkammer

Bei Freistrompumpen werden die Feststoffe sozusagen am Pumpenlaufrad vorbei-geführt. Das Laufrad saugt an und schleudert das Fördermedium mit den Feststoffen über das Spiralgehäuse wieder heraus. Bei einem Feststoffanteil von mehr als 10 % kann es allerdings problematisch werden. Jedoch hängt dies von der Körnung oder der Größe der Feststoffe ab. Oftmals hilft nur eine empirische Ermittlung.

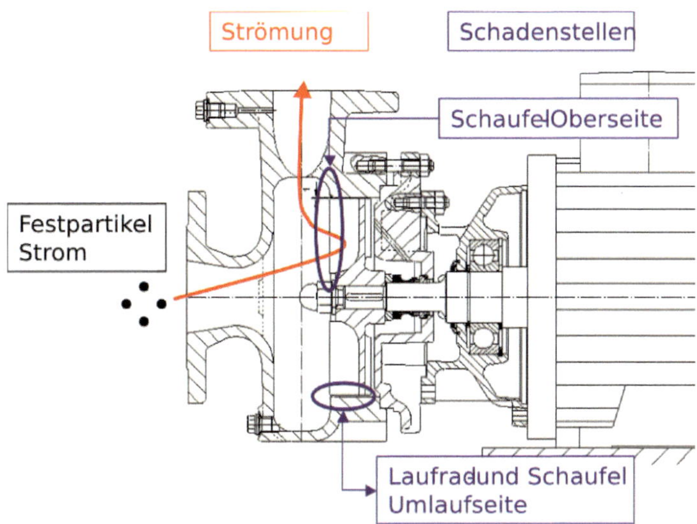

Bild 13: Strömungsfluss im Pumpengehäuse [45]

Ein längerfristiger Betrieb mit abrasiven Medien führt allerdings zu Verschleiß-erscheinungen.

Dabei entstehen schadhafte Stellen, je nach Feststoff-Art unterschiedlich stark sowohl an der Schaufel-Oberseite als auch an der Laufrad- und Schaufel-Umlaufseite.

Das Laufrad nach der Beschädigung auszuwechseln, ist noch die einfachste Möglichkeit. Bei größeren Schäden am Spiralgehäuse ist oft ein kompletter Austausch der Pumpe unumgänglich.

Vorbeugend empfiehlt es sich bei solchen Anwendungen, die Pumpenkomponenten durch Maßnahmen wie beispielsweise harte Beschichtungen zu schützen.

2.1.2. Überlastung

Die falsche Auslegung der Pumpe ist eine häufige Ausfallursache. Ein höherer Feststoffanteil als angenommen, oder eine andere Viskosität des Mediums – ölig statt wasserähnlich – führen zu Überlastung.

Auch Veränderungen am System, wie Rohrleitungsdurchmesser, zusätzliche Krümmer, Einbauten, Ventile, die nicht eine Anpassung der Pumpe nach sich ziehen, können Probleme verursachen. Bei selbstansaugenden Pumpen ist die maximale Saughöhe einzuhalten, um Kavitation zu vermeiden. Bei Betrieb mit

Frequenz-umrichtern sind die zulässigen Grenzen zu beachten. Auch führt eine fehlende Rückschlagklappe bei einem getakteten Betrieb mit kurzen Laufzyklen der Pumpe, auf der Druckseite zu Schäden. Die schlagartige Drehrichtungsänderung führt zur Zerstörung des Laufradsitzes (Passfedernut o. ä.).

2.1.3. Förderung von Flüssigkeiten mit Feststoffen

Feststoffe werden sehr oft gepumpt. Vor allem in Kühlemulsionen bei Werkzeug-maschinen, Schleifschlamm, im Abwasserbereich, oder bei der Herstellung von Textilien, enthaltenen die Fördermedien bei bestimmten Prozessen beträchtliche Feststoffbestandteile.

Einen sehr hohen Einfluss auf das zeitliche und das quantitative Auftreten des Verschleißes haben folgende Parameter:

- Drehzahl der Pumpen
- Feststoffanteil in kg/l oder kg/m³ (%)
- Kennzahl für Abrasivität
- Durchfluss [m³/h]
- Förderdruck [bar]
- Härte der Feststoffpartikel (HV)
- Temperaturbeständigkeit
- Schichtdicke (in µm)
- Betriebs- oder Prozesstemperatur

Die Anforderungen an die Pumpe, die sich aus den zu fördernden Medien ergeben, können beispielhaft folgendermaßen definiert werden:

Fördermedium:	abrasive Medien, Wasser, Öl, Emulsion, kalte Waschlaugen bis ph 10, Lösemittel
Max. Temperatur in °C:	120 °C
Minimale Temperatur in °C:	5 °C
Art der Feststoffe:	Schmutz, Späne, Guss- und Schleifpartikel, Sand, Quarz, Glasabrieb

Eine möglichst genaue Definition von Medium und Betriebszustand hilft, die Pumpe bzw. den Prozess optimal anzupassen.

2.1.4. Förderung von harten Feststoffen

Während sich weiche Feststoffe mit Freistrompumpen durchaus gut im Medium mit- fördern lassen, können harte oder sehr harte Feststoffe Probleme bereiten, ja zum Ausfall führen. Je nach Art und Konzentration der Feststoffe im Fördermedium muss entschieden werden, welche Maßnahme die beste Lösung bietet. Es gibt hier keine Ideallösung. Je nach Anwendung können unterschiedliche Maßnahmen wie Gummierung, Oberflächenvergütung wie „Aufhärten" der Oberfläche, verschleiß-mindernde Einsätze aus Keramik, Kunststoffbeschichtungen oder Hartguss die Lösung bieten.

Während grobe Partikel hauptsächlich zu Verschleißerscheinungen an Laufrad und Spiralgehäuse führen, bewirken Schleifpartikel, Sand oder Glasabrieb Schädigungen an Lager, Welle oder Gleitringdichtungen.

Rohrleitungsdurchmesser und Durchflussgeschwindigkeit haben einen sehr großen Einfluss auf den Grad der Schädigung und die Länge der Standzeit. Je größer der Rohrleitungsdurchmesser und je geringer die Durchflussgeschwindigkeit, desto geringer ist der Schaden und umso höher die Standzeit.

2.1.5. Fehlerhafte Betriebsweise

Eine Betriebsweise, die nicht zu dem für die Anwendung notwendigen Betriebspunkt passt, kann sehr unterschiedliche Gründe haben. Eine falsche Auslegung kann im Extremfall zum Betrieb der Pumpe deutlich außerhalb des Betriebspunktes führen. Schädigende Schwingungen mit Lagerschaden als Folge oder Überlast und Zerstörung des Motors können die Folge sein. Sind aggressive Medien im Einsatz, kann das falsche Material zu Korrosion und Leckagen führen. Fördern Tauchpumpen im „Schlürfbetrieb" aus einem Behälter, kann zu viel Luft zu Trockenlauf und Ausfall der Gleitringdichtung führen.

Eine falsche Verrohrung kann den Druckverlust unnötig erhöhen und ebenfalls zu Überlast führen. Ist der Feststoffanteil zu hoch, kann die Pumpe verstopfen, keine Förderleistung bringen und ausfallen. Kommt es zu Störungen mit der Pumpe, ist sehr oft nicht die Pumpe das Problem, sondern es liegt ein Systemfehler vor.

2.2. Verschleiß durch Abrasion

Abrasiver Verschleiß ist definiert als eine Art Mikrozerspanung, bei der es zum Materialabtrag an Bauteilen kommt. Das harte, abrasive Material im Fördermedium ist dabei härter als das Material der Pumpenbauteile.

Abrasive Medien befinden sich in vielen Flüssigkeiten, die von Pumpen gefördert werden. Je nach Feststoff wird die Standzeit der Pumpen durch Schäden an Laufrädern und Gehäusen erheblich reduziert, teilweise bis auf wenige Wochen. Unter den Aspekten von TCO (Total Cost of Ownership) und LCC (Life Cycle Cost) bedeutet dies eine drastische Erhöhung der Betriebskosten.

Im Betrieb von Werkzeugmaschinen werden die Kreiselpumpen sehr häufig zur Förderung von Kühlemulsionen und feststoffbeladenen, abrasiven Flüssigkeiten eingesetzt. Metallspäne, Schleifstaub und Korund scheuern an Gehäusen und Laufrädern so stark, dass die Pumpe nach kurzer Zeit ausfällt.

Beispiele aus der Praxis

In der Textilchemie bei der Textilreinigung finden sich abrasive Feststoffe im Abwasser, beispielsweise bei der Jeans-Veredelung.

In der Bautechnik wird beispielsweise das abrasive Gleitmittel „Bentonit" eingesetzt. Bentonit ist ein Gesteinsgemisch aus verschiedenen Tonmaterialien (u. a. Quarz, Glimmer, Feldspat, etc.) und findet seine Anwendung bei Bauwerksabdichtungen im Deichbau und als Gleitmittel beim Vortrieb von Tunneln. Die abrasive Wirkung beim Pumpen von Flüssigkeiten mit Bentonit-Verunreinigungen ist beträchtlich.

Bild 14: Kreiselpumpe eingebaut in eine Anlage zum Fördern von Bentonit

In der Solarzellenfertigung werden beim Sägen von Silizium-Wafern zum Fördern der Schleifschlämme (Slurry) Tauchpumpen eingesetzt. Diese Schleifschlämme bestehen aus einem Gemisch aus Glykol und Silicium-Karbid als Schleifmittel. Aus den gegossenen Silizium-Blöcken werden die Wafer (dünne Silizium-Scheiben) mit einem Stahl-Draht gesägt. Das Schleifmittel

Silizium-Karbid/Glykol, als Fördermedium, wird im 24 h Betrieb umgewälzt. Der Schleifmittelanteil beträgt ca. 20 Gewichts-%. Die ständige Umwälzung ist notwendig, da sonst das Schleifmittel hart wird.

Bild 15: Spiralgehäuse nach Versuch mit Schleifschlämme "Slurry"

Bei all diesen Anwendungen wird die Standzeit der Pumpen durch diesen abrasiven Verschleiß erheblich reduziert.

2.2.1. Laufrad

Der Materialabtrag am Laufrad findet an sehr unterschiedlichen Stellen statt. Strömungssimulationen zeigten sehr deutlich, dass die Schädigungen geschwindig-keitsabhängig sind. An Stellen höchster Geschwindigkeit findet die größte Abrasion statt. Des Weiteren findet an Stellen turbulenter Strömung ein erhöhter Materialabtrag statt.

Bild 16: geschädigtes Laufrad durch Abrasion

Sollen abrasive Medien gefördert werden, empfiehlt sich, Pumpen mit offenem Laufrad einzusetzen. Freistrom-Pumpen bei Feststoffen mit einer Partikelgröße von 3–5 mm, mit einem maximalen Feststoffanteil von 5–8 % können Pumpengehäuse und Laufrad noch von Verschleiß geschont bleiben.

Bei höherem Feststoffanteil kann dies zu Verstopfung führen bzw. werden so nach und nach die Laufrad-Schaufeln „abgeschliffen".

Bild 17: Laufrad vor und nach der Schädigung – Materialabtrag durch Abrasion

2.2.2. Spiralgehäuse

Der meiste Materialabtrag findet an Kanten im Innern des Gehäuses statt. Beispielsweise an der Entleerungsbohrung oder der Bohrung an der Verschleißplatte. Außerdem findet bei Fördermedien mit Schleifpartikel eine ebenso gleichmäßige Schädigung im Innern des Spiralgehäuses statt.

Ein Phänomen, das auftreten kann ist die abrasive Oberflächengestaltung nach dem Prinzip der strömungsoptimierten Haifischhaut. Die Annahme, dass eine möglichst glatte Oberfläche den geringsten Widerstand besitzt, ist falsch. Durch die Längsrillen auf den Schuppen wird die Querströmung gesenkt und somit die Reibung reduziert. Dieses Prinzip wird schon in der Flugzeugindustrie erfolgreich angewendet.

Bild 18: "Haifischhautoberfläche" im Pumpengehäuse

Findet der Verschleiß dermaßen gleichmäßig statt, kann die dadurch reduzierte Wanddicke durchaus standhalten, so dass die Standzeit der Pumpe akzeptabel sein kann. Strömungstechnisch bringt diese Oberfläche „Haifischhaut" sogar eine Verlustminimierung, da diese Oberfläche eigentlich ideal ist. Ist die Wanddicke entsprechend hoch genug, kann diese Art von Verschleiß den Lebenszyklus der Pumpe nur unwesentlich verkürzen.

2.2.3. Lager

Eine Überbeanspruchung der Lagerung tritt ein, wenn die Radialkraft zu hoch ist. Wird die Pumpe mit einem deutlich höheren Förderstrom gefahren als vorgesehen, kommt es zur Durchbiegung der Welle mit darauffolgender Schädigung des Lagers. Auch durch stark abrasive Medien werden die Lager von Pumpe und Motor geschädigt, was nachfolgende Abbildungen dokumentieren.

An Kanten und Spalten wirkt vor allem Schleifschlamm sehr stark.

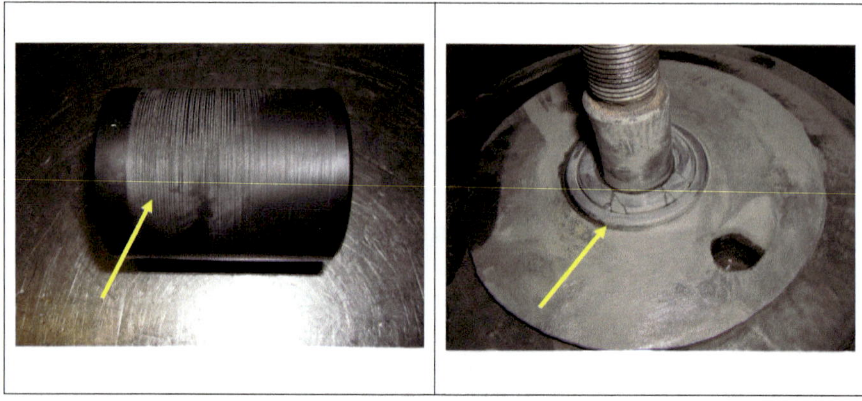

Bild 19 und 20: Beschädigung der Drosselstrecke – Folge: Lagerschaden am Motor

Bei Wälzlagern führt Abrasiv-Verschleiß vor allem in Verbindung mit Korrosion ebenfalls zu Zerstörung. Als Folge kommt es zu verstärkter Mischreibung und Materialabtrag. Die Geräuschentwicklung nimmt kontinuierlich zu, gleichzeitig nimmt der Verschleiß an Käfig und Wälzkörper weiter zu, bis zur schlussendlichen Zerstörung des Lagers.

Mögliche Schutzmaßnahmen können sein: Schutzring für die Motor-Lagerung, Montage eines Verschleiß-Sensors mit Überwachungssystem, oder eines Motor-schutzschalters. Ein höherwertiger Motor wie er im Explosionsschutz-Bereich eingesetzt wird, könnte ebenfalls dienlich sein.

Häufig kommt es aber auch zum Ausfall des B-seitigen Kugellagers am Motor (Lager auf der Lüfterseite). Beispielsweise wenn eine Tauchpumpe in einen Behälter mit Entlackungs-Flüssigkeit eingebaut ist. Dieses Entlackungs-Medium ist 90°C heiß und greift alle Fette und Lacke an, ebenso Elastomere wie Viton oder Perbunan. Deshalb wurde auf Elastomere-Dichtungen verzichtet. Der Motor ist über dem Behälter senkrecht, mit der Welle nach unten eingebaut. Probleme gibt es am B-seitigen, oberen Kugellager. Die Umgebungsdämpfe sind so aggressiv, dass das ganze Fett im Kugellager schnell ausgewaschen wird (nach 2-3 Monaten Totalschaden).

Verschiedene Lösungsansätze, die solche Schäden verhindern sind:

- Einbau von zwei Radialdichtungen in einer Kombination vor dem Kugellager.
- Klemmenkasten und Stator werden mit Dichtmasse abgedichtet. (wie bei IP56)

- Kugellager mit Vollkeramik. Die sind aber sehr teuer und die verwendeten Lagerringe aus Fluorit-Harz haben deutlich geringere Tragzahlen.
- Direkt am Kugellager am Kugellager kann zusätzlich eine spezielle Stahl-scheiben-Dichtung eingebaut werden, die speziell für den Schutz von Kugellager vor Verschmutzungen und Flüssigkeiten entwickelt wurde. Diese Dichtung besteht aus speziell geformten Stahllamellen. Durch die Zentrifugalkraft werden Verschmutzungen, Dämpfe und Flüssigkeiten vom Kugellager ferngehalten.

2.2.4. Rohrleitungen

Mit ausreichend großen Rohrdurchmessern lassen sich sowohl Strömungsverluste als auch Schäden durch Abrasion vermindern. Sind die Rohrdurchmesser zu klein gewählt, oft aus Kostengründen, herrscht keine laminare stabile Strömung, sondern eine turbulente Strömung mit unregelmäßigen Querströmungen im Rohr. Sind Feststoffpartikel im Fördermedium, wirken diese auf die Rohrinnenwand wie bei einem Schleifprozess. Der stärkste Materialabtrag findet an Rohrverengungen, Umlenkungen oder auch T-Stücken statt. Die Feststoffpartikel prallen mit erhöhter Kraft auf die entsprechenden Stellen und spülen oder schleifen die Rohrleitung mehr oder weniger aus, bis die Rohrwand schlussendlich durchbricht. Bei dünnwandigen Rohren kann dies sehr schnell geschehen. Auf entsprechende Schutzmaßnahmen wird in Kapitel 4 eingegangen.

Letztendlich wird bei kleinen Rohrdurchmessern zwar an den Investitionskosten gespart, nicht aber an den Energiekosten. Der erhöhte Rohrreibungswiderstand, oftmals noch verstärkt durch eine hohe Rauigkeit im Rohr, bringt eine Erhöhung des Druckverlustes. Dies bedeutet mehr Pumpenleistung und mehr Energieverbrauch.

Eine Maßnahme zum schonenden Betrieb einer Anlage, zur Reduzierung von Verschleiß und auch zur Minimierung der Geräuschentwicklung, ist definitiv die Vergrößerung der Rohrleitungsdurchmesser.

Bild 21: durchgescheuerte Rohrbögen

Werden abrasive Medien gefördert, treten besonders an Rohrbögen entsprechende Schäden auf.

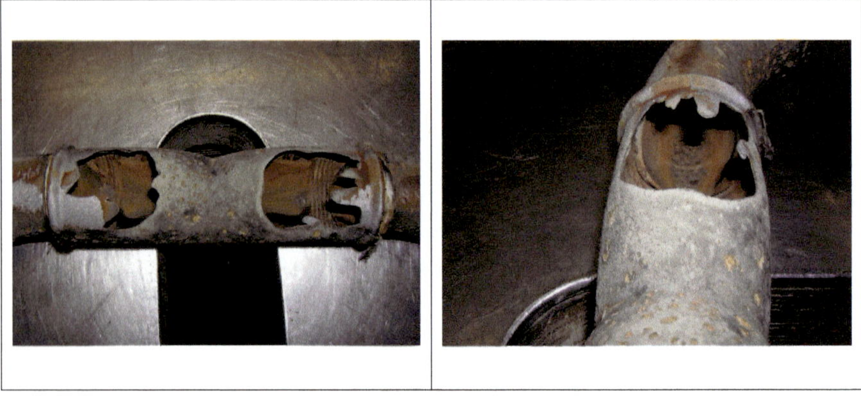

Bild 22 und 23: richtig große Löcher in den Rohren

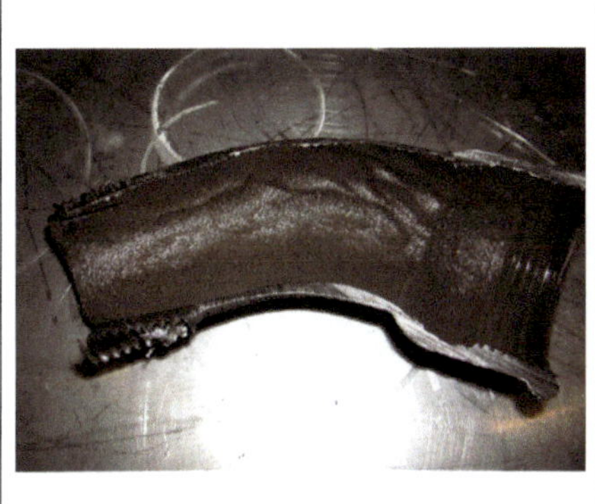
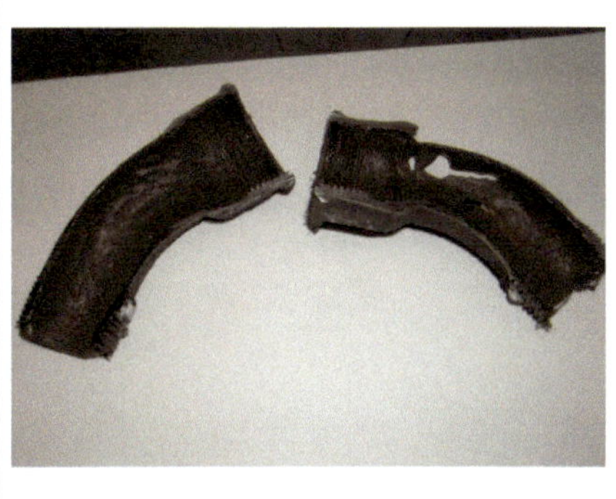

Bild 24 und 25: Querschnitt eines Rohrbogens: die Wanddicke ist durch Verschleiß drastisch reduziert

Bei abrasiven Medien ist deshalb auf die Festigkeitseigenschaften besonders zu achten. Auch bei Einbauten wie Ventilen, Schiebern, Meßsensoren o. ä. sind entsprechende Schäden zu erwarten, falls die Materialien nicht hochwertig genug sind.

2.2.5. Abrasion und Korrosion

Werden Feststoffpartikel in einem korrosiven Medium gefördert, kommt es zu einer Überlagerung von Abrasion und Korrosion. Die Abtragungsrate ist in der Regel schwer abschätzbar. Bei zu hoher Strömungsgeschwindigkeit und turbulenter Strömung ist diese jedoch sehr hoch.

Die Standzeit einer Pumpe, beispielsweise bei Schleifmaschinen kann je nach Schleifmedium sehr stark variieren. Je nach Beschaffenheit, Körnung des Schleifsands und Durchflussgeschwindigkeit, kann die Standzeit um 20–40 % durch Reduzierung des Durchflusses reduziert werden.

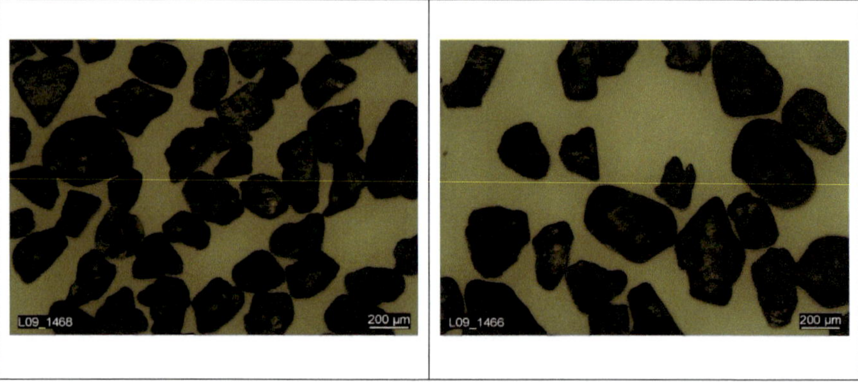

Bild 26: Schleifsandkörner neu

Bild 27: Körner geschliffen

Die Bilder 26 und 27 zeigen die Körner des Schleifsandes der bei Schleif-Prozessen eingesetzt wird. Das linke Bild (26) zeigt den Sand neu, im rechten Bild (27) sind die Kanten und Ecken der Sandkörner nach ca. 100 Stunden Schleifen bereits „abgerundet“. Je nachdem, wie schnell der Schleifsand im Prozess gewechselt wird, kann deshalb die Standzeit der Pumpe stark variieren.

Bild 28: Verschleiß durch Abrasion und Korrosion am Laufrad

Sind einmal erste Vertiefungen in der Oberfläche durch den Materialabtrag entstanden, kann die weitere Zerstörung sehr schnell voranschreiten. Durch die Vertiefungen entsteht eine turbulente Strömung, die den Materialabtrag noch beschleunigt.

Aus der durch Korrosion geschädigten Oberfläche brechen bei überlagerter Abrasion die Materialstücke heraus und werden durch das Medium weggespült. Durch erneute Korrosion und anschließende Abrasion wird das Material so nach und nach abgetragen bis zum Bruch bzw. zur Lochbildung.

Sehr entscheidend für die Schäden bei überlagerter Korrosion ist die Höhe des pH-Wertes vom Fördermedium. Ist der pH-Wert sehr niedrig (< 5), wird die Passivschicht an der Oberfläche zerstört und es kommt zu Lochfraß.

Interkristalline Korrosion kann bei der Förderung von Säuren eintreten. Die Säuren zerstören die Gefüge-Struktur des Materials und lassen das Material sozusagen von innen heraus korrodieren.

Unkritisch ist ein Fördermedium mit einem pH-Wert von 6,5 – 7,8. Eine Aussage darüber geben auch die sogenannten Pourbaix-Diagramme, die eine grundsätzliche Beständigkeit in verschiedenen pH-Bereichen umschreiben.

Bild 29: Verschleiß durch Abrasion und Korrosion am Spiralgehäuse

Der Materialabtrag an kritischen Stellen im Spiralgehäuse wie beispielsweise an der Dichtfläche Spiralgehäuse/Deckel führt zu Undichtigkeit. Grundsätzlich kann gesagt werden, dass die Gefahr der Korrosion, auch bei Edelstahl/-Guss beispielsweise bei Salz-/Meerwasser folgendermaßen ansteigt:

Edelstähle die bedingt Korrosionsfest sind [14]:

- 1.4003, 1.4016, keine Chlorid- und Schwefeldioxidbelastung Widerstandsklasse 1, Ferrit-Gefüge
- 1.4301, 1.4541, ohne nennenswerte Chlorid- und Schwefeldioxidbelastung
- Widerstandsklasse 2, Austenit-Gefüge

- 1.4401, 1.4571, mäßige Chlorid- und Schwefeldioxidbelastung
  Widerstandsklasse 3, Austenit-Gefüge
- 1.4539, 1.4462 (Guss), hohe Korrosionsbelastung (Meerwasser / Salzwasser)
  Widerstandsklasse 4, Ferrit-Austenit-Gefüge (1.4462),
  Austenit-Gefüge (1.4539)

Zur genauen Ermittlung der Beständigkeit von Bauteilen wird ein Salzsprühtest durchgeführt. Dies ist sozusagen ein künstlicher Alterungstest bzw. ein „Verrottungs-test", bei dem eine beschleunigte Korrosionsbelastung simuliert wird. Die Korrosivität bzw. die Zusammensetzung des zu fördernden Mediums sollte aber genau bekannt sein.

Bild 30: Korrosion im Spiralgehäuse

Um das Korrosionsverhalten von metallischen Werkstoffen näher zu untersuchen, können chemische Korrosionsversuche und Salzsprühtests nach DIN 50021 bzw. DIN EN ISO 9227 durchgeführt werden. Damit können die relevanten Einflussgrößen ermittelt werden, die das Korrosionsverhalten beeinflussen.

Die Undichtigkeit an einer Gleitringdichtung – falls sie nur minimal ist – wird oft nicht sofort erkannt. Bei längerem Einwirken kann der Schaden jedoch zum Totalausfall der Pumpe führen.

Bild 31: Korrosion am Motor-Lagerschild

Tritt die korrosive Flüssigkeit an der schadhaften Stelle der Gleitringdichtung nicht nur nach außen, sondern auch im Innern der Pumpe aus, kann das Motor-Lagerschild wie in Bild 20 zu sehen ist, durch Korrosion komplett zerstört werden.

Kalkablagerungen

Die Zerstörung einer Pumpe durch Kalkablagerungen und Korrosion lässt sich durch folgenden Hintergrund erklären.

Wird Wasser, beispielsweise in Kühlkreisläufen oberhalb von 60 °C erhitzt, kommt es zur Ausgasung von Kohlensäure. Dadurch steigt der pH-Wert und folglich kommt es zu Kalkausfällungen. Gelangt beispielsweise durch Belüftung zusätzlich Sauerstoff in den Kreislauf, entsteht einerseits alleine dadurch Korrosion. Da jedoch die Kalkausfällungen bzw. Kalkablagerungen den Korrosionsprozess fördern, kann dies zum Totalschaden führen.

Bild 32: Korrosion an einer Behälterpumpe

Bei längerem Einwirken von Kalk und Sauerstoff wird einerseits durch die anwachsende Kalkschicht das Laufrad blockiert, zum anderen zerstört der Sauerstoff zusätzlich das Metall. Ein Totalausfall ist die Folge.

Zur Vermeidung von Kalkausfällungen, vor allem bei sehr hartem Wasser, empfiehlt es sich, ein Wasseraufbereitungssystem vorzusehen Bei einer Strömungs-geschwindigkeit oberhalb 1m/s setzt sich kaum Kalk ab bzw. werden lockere Ablagerungen wieder weggespült.

2.3. Verschleiß durch Kavitation

Kavitation tritt in der Regel zusammen mit einer sehr starken Geräuschentwicklung und mit Schwingungen auf. Die Vibration führt zu Schäden an Welle und Lagerung. Da Kavitation eine starke Überlastung des Systems bedeutet, kann sie sehr schnell zum Ausfall der Pumpe aber letztendlich auch des Motors führen. Durch Kavitation geschädigte Laufräder sind meist unbrauchbar, können aber je nach Schädigungs-grad repariert werden.

Der mit der Kavitation einhergehende starke Druckabfall in der Strömung führt zur Verdampfung des Fördermediums. Die wieder zusammenfallenden Dampfblasen verursachen Druckschläge und Lärm.

Bild 33: Kavitation im Spiralgehäuse

Die Partikel brechen im Spiralgehäuse teilweise an Kanten weg.

Bild 34: Kavitation am Laufrad

Überlastung, und oftmals Betrieb der Pumpe außerhalb des Betriebspunktes, führen zu Schwingungen, Vibrationen und Fehlbelastung auf Welle und Lager und daraus folgend zu Schäden. Laufrad und Spiralgehäuse können durch die Schläge, die durch Implodieren der Dampfblasen entstehen, durchaus komplett zerstört werden. Die implodierenden Dampfblasen wirken aufgrund des starken Druckgefälles wie Geschosse.

Auf die Ursachen der Kavitationsbildung wird in Kapitel 4.2 eingegangen.

2.4. Verschleiß an Gleitringdichtungen

Der Verschleiß an Gleitringdichtungen kann vielschichtige Gründe haben. Im Vergleich mit anderen Bauteilen der Pumpe gehört die Gleitringdichtung zu den Bauteilen, die eine der kürzesten Lebensdauer haben, d. h. die immer wieder erneuert werden muss.

Trockenlauf führt bei mangelnder Schmierung vor allem bei Hart/Hart-Paarungen der Gleitflächen nahezu sofort zur Zerstörung. Bei Weich/Hart-Paarungen ist das Verhalten geringfügig besser, bringt aber eine Verkürzung der Lebensdauern. Der meiste Verschleiß tritt bei Trockenlauf auf, gefolgt von normalem Verschleiß, Materialverschleiß und Montagefehler.

Deutlich mehr als 10 % der Pumpenstörungen sind auf Trockenlauf zurückzuführen. Bei Undichtigkeit können doppeltwirkende Gleitringdichtungen die Schadensan-fälligkeit reduzieren, da hier beim Versagen der ersten Dichtung die zweite noch abdichtet.

2.4.1. Werkstoffbereiche

Gleitringdichtungen sind aus verschieden Komponenten zusammengesetzt, die wiederum aus sehr unterschiedlichen Werkstoffen hergestellt sind. Gleit- und Gegenring sind aus synthetischen Kohlen, Metallen, Metalloxiden, Kunststoffen und Karbiden hergestellt.

Balg und O-Ring sind i. A. aus einem Elastomer gefertigt, die Feder und die Winkelringe aus Edelstahl.

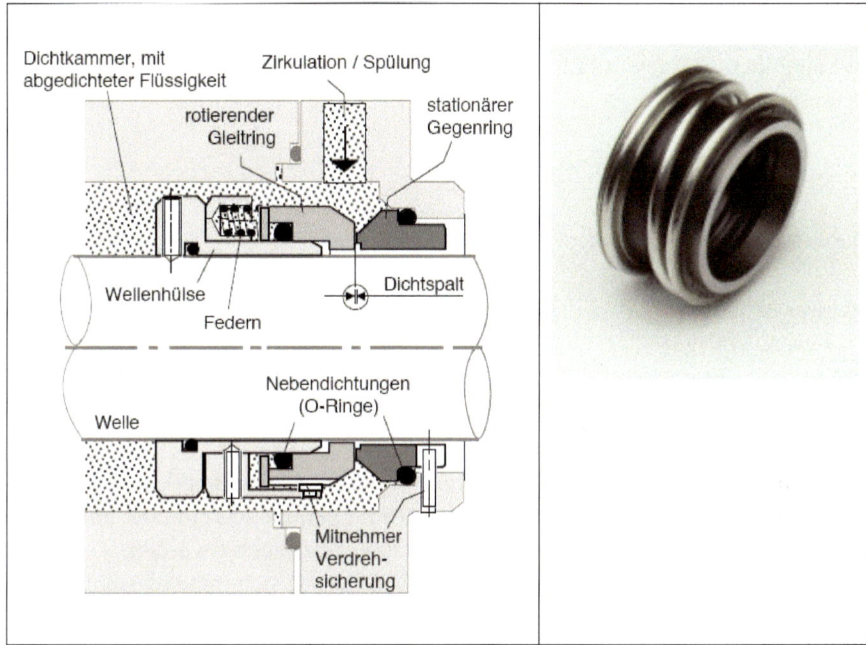

Bild 35: Gleitringdichtung [1]

Bild 36: Balg mit Feder

Der Aufbau der Gleitringdichtung ist im folgenden Bild dargestellt.

- **Gleitring**
- **Balg**
- **Winkelringe**
- **Feder**
- **Gegenring**
- **O-Ring oder Winkelmanschette**

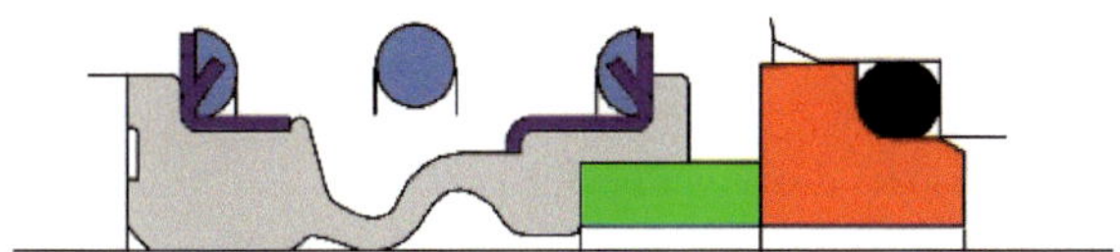

Bild 37: Aufbau der Gleitringdichtung

2.4.2. Gleitwerkstoffe

Im Folgenden wurde eine Einteilung der Gleitwerkstoffe nach DIN 24960 vorgenommen:

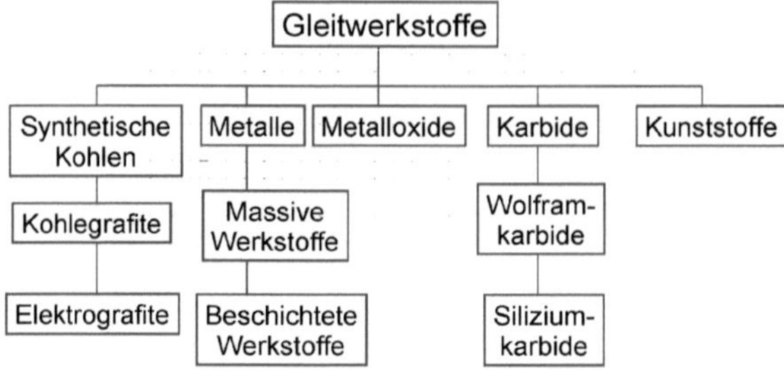

Der ideale Gleitwerkstoff sollte korrosionsbeständig, verschleißfest, formstabil, notlauffähig und wärmeleitend sein. Da für Pumpen die Karbide mit am wichtigsten sind, sollen hier SiC und WC etwas näher betrachtet werden.

Die Eigenschaften der Wolframkarbide (WC) lassen sich folgendermaßen zusammenfassen:

- hohe Zugfestigkeit
- hart, verschleißfest
- niedrige Sprödbruchgefahr
- thermische Überlastung führt zu radialen
- Wärmespannungsrissen in der Gleitfläche
- selektive Korrosion des Binderanteils vornehmlich
- in Medien mit niedrigen pH-Werten führt zu
- Gefüge-Lockerungen und erhöhter Leckage
- geringe Trockenlauffähigkeit

Die Eigenschaften der Siliziumkarbide sind folgendermaßen definiert:

- sehr gute chemische Beständigkeit bei reinem SiC
- hart, verschleißfest
- hohe Wärmeleitfähigkeit
- Trockenlauffähigkeit kann durch die Verwendung von
- kohlenstoffhaltigen Verbundwerkstoffen verbessert werden
- thermische Überlastung führt zu netzartigen
- Wärmespannungsrissen in der Gleitfläche
- selektive Korrosion des freien Siliziums vornehmlich
- in Medien mit hohen pH-Werten führt zu

- Gefüge-Lockerungen und erhöhter Leckage
- hohe Sprödbruchgefahr bei Stoßbelastung

Eigenschaften	**SiC**	**WC**
korrosionsbeständig	++	-
verschleißfest	++	++
formstabil	++	++
notlauffähig	-	-
wärmeleitend	++	+
Preis	++	+

Tabelle 3: Vergleich der Gleitwerkstoffe Siliziumkarbid – Wolframkarbid

SiC ist in einigen Eigenschaften besser als WC, aber es ist auch teurer.

Harte Gleitwerkstoffe	**Weiche Gleitwerkstoffe**
Metalle	Kohlegrafite
Karbide	Kunststoffe
Metalloxide	

Tabelle 4: Hart-/Weich-Aufteilung der Gleitwerkstoffe

Die Auswahl der Gleitwerkstoffpaarung ist je nach Anwendung und Belastung vorzunehmen. Die Kriterien dafür werden im folgenden Kapitel beschrieben.

2.4.3. Vergleich der Werkstoffkenndaten

Die Werkstoffe der Gleitringdichtungen haben sehr unterschiedliche Eigenschaften. Im Folgenden werden sie hinsichtlich Wärmeleitfähigkeit, Härte und Korrosions-beständigkeit verglichen.

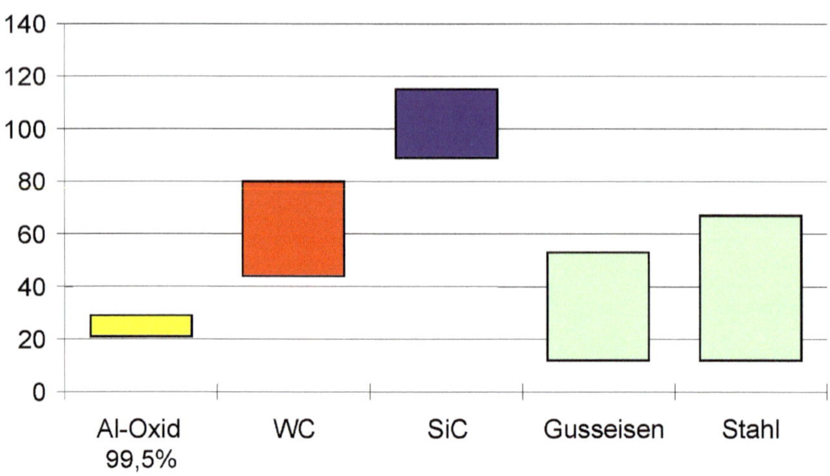

Diagramm 4: Wärmeleitfähigkeit [W/mK] – Ein Vergleich

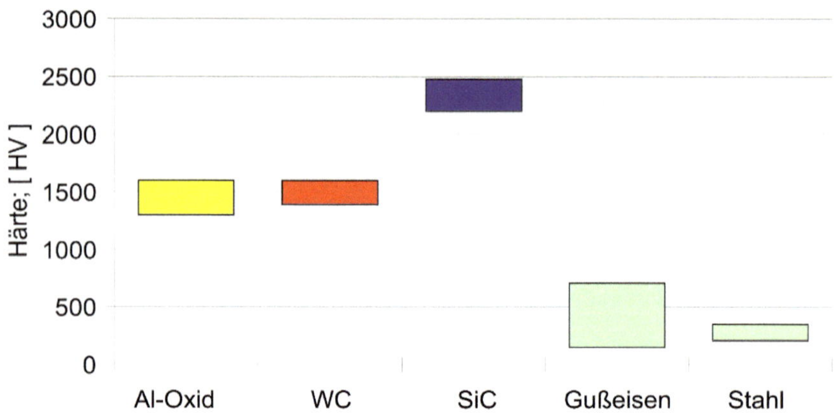

Diagramm 5: Härte in Vickers [HV] – Ein Vergleich

Wie aus den vorigen Grafiken und Diagrammen ersichtlich, ist SiC in den für Pumpen wichtigsten Eigenschaften der überlegenste Werkstoff. SiC wird deshalb auch sehr oft bei verschleißbehafteten Prozessen eingesetzt.

Neuere Entwicklungen zielen auf eine höhere Trockenlauffestigkeit ab. Reine, mikrokristalline Diamantbeschichtungen werden auf der SiC-Gleitfläche mit einer Schichtdicke von 6-8 µm abgeschieden.

Dadurch kann erreicht werden, dass der Reibwert um das 5-8 fache niedriger ist als bei SiC und folglich die Wärmeentwicklung reduziert wird. Die Schicht übersteht Trockenlaufphasen, die bis in den Stundenbereich reichen. Da diese hochwertigen Gleitringdichtungen noch sehr viel teurer sind als die herkömmlichen, haben sie sich bisher noch nicht so stark verbreitet. Betrachtet man aber die Kosten für einen Produktionsausfall, kann der Einsatz dieser Dichtungen durchaus wirtschaftlich sein.

Im Folgenden sind noch verschiedene Schadensfälle mit Lösungshinweisen beschrieben.

2.4.4. Schäden an Gleitringdichtungen - Schadensfälle

Sehr häufig fallen Gleitringdichtungen aufgrund von Schäden durch thermische Überbelastung aus.

Bild 38: Schaden an Gleitring und Gummibalg

In Bild 38 sind Schäden an Gleitring und Gummibalg sichtbar. An der Gleitfläche sind glänzende Anlaufspuren über den Umfang sichtbar, sowie partielle Abplatzer am Gleitring. Als Folge von Überhitzung ist am Innendurchmesser des Gleitrings die Verschmelzung des Balgs mit der Anlagefläche erkennbar.

Bild 39: Gummibalg mit Ablagerungen

Bild 40: Gummibalg nach manueller Reinigung

In Bild 39 sind Ablagerungen am Gummibalg sichtbar. Nach manueller Reinigung (Bild 40) sind jedoch keine chemischen Schäden zu erkennen.

Bild 41: Schaden an Runddichtung

Anzeichen von thermischer Überbelastung sind in Bild 41 zu erkennen. Risse, Abrieb und Verschmelzung, aber keine chemischen Schäden sind sichtbar.

Im Folgenden sind noch verschiedene Schadensfälle mit Lösungshinweisen beschrieben.

Ausfallursache:

Selektive Korrosion an der Gleitfläche und am O-Ring Sitz durch Betrieb der GLRD bei einem pH - Wert unter 6

Pumpe

Schaden:

Matte Oberfläche, Auswaschungen in Leckagerichtung an der Gleitfläche, Korrosionsspuren auch im O-Ring Sitz, Oberfläche mit Reißnadel ritzbar

Lösung:

- Werkstoff in SiC oder Sic -Si ändern

Medium	Säure
Druck	6 bar
Drehzahl	ca. 3000 min^{-1}
Temperatur	Nicht bekannt

Bild 42: Schadensfall selektive Korrosion

Ausfallursache:

Trockenlauf bei der Inbetriebnahme
Pumpe schlecht entlüftet

Abwasserpumpe

Schadensbild:

Gleitfläche matt und riefig, mit geringer selektiver Korrosion

Lösung:

- Pumpe vor der Inbetriebnahme befüllen und eingehend entlüften
- Werkstoffauswahl prüfen bei einem pH-Wert unter 7 SiC verwenden

Medium	Abwasser mit 3% Festst.
Druck	3 bar
Drehzahl	ca.. 3000 min^{-1}
Temperatur	25 - 35 °C

Bild 43: Schadensfall Trockenlauf

Bild 44: Beschädigung beim Einbau: Wärmespannungsriss e in SiC

Zusammenfassend lässt sich sagen, dass die häufigsten Störungen Trockenlauf, Überhitzung und dadurch hervorgerufene Wärmespannungen sind. Daraus entstehen Spannungsrisse, die eine Zerstörung der Dichtung nach sich ziehen. Kommt die Gleitringdichtung in Kontakt mit abrasiven Partikeln, führt dies ebenfalls zur Zerstörung. Um die Dichtfähigkeit möglichst lange zu gewährleisten, empfiehlt sich unbedingt, die Einsatzgrenzen einzuhalten. Dazu gehören Gleitgeschwindigkeit, Gleitdruck, Temperatur und Reibungszahl, welche die Reibleistung an der jeweiligen Dichtung maßgeblich bestimmen.

2.5. Störungen erkennen, bewerten und Tendenzen ableiten

Bei Pumpen und gesamten Pumpenanlagen, von denen eine hohe Betriebssicherheit – vor allem im Dauerbetrieb – gefordert wird, ist es wichtig, dass Störungen frühzeitig erkannt und behoben werden. Eine Früherkennung von Verschleiß, die Reparatur bzw. ein Austausch der Pumpen vor dem Schadensfall reduziert den Produktions-ausfall beim Anwender und die dadurch verursachten hohen Kosten. Die genaue Ursache festzustellen und die dazu passende Lösung zu finden ist nicht immer ganz einfach. Deshalb ist eine systematische Analyse sehr hilfreich.

2.5.1. Ursachenanalyse und Bewertung

Verschleiß an Pumpen macht sich sehr unterschiedlich bemerkbar. Diese Verschleißerscheinungen sind oft durch optische Wahrnehmung, Geräusche, unruhigen Lauf/Vibrationen oder verminderte Leistung erkennbar. In den folgenden Tabellen sind die verschiedenen Störungen anhand ihres Erscheinungsbilds beschrieben, sowie mögliche Ursachen und Empfehlungen zur Behebung genannt.

PROBLEME	URSACHE
Defekte Gleitringdichtung	• Trockenlauf bei Inbetriebnahme • Verschleiß • Verkleben der Gleitflächen (längere Stillstandszeit)
Undichtigkeit	• Wellendichtung verschlissen • Pumpe schlecht ausgerichtet
Pumpe läuft unruhig	• Lager defekt, – Kavitation, • falsche Drehrichtung
Geringer Förderstrom und geringer Druck	• Hoher Luftanteil im Fördermedium • Motor läuft auf 2 Phasen • Falsche Drehrichtung

Tabelle 5: Erkennung von Störungen durch Ursachenanalyse

Sehr oft entstehen aber Störungen, die schlussendlich zu Verschleiß führen nicht unbedingt in der Pumpe selbst, sondern entstehen durch Anlagen- oder Betriebs-fehler im Gesamtsystem.

Geräusche

Unterschiede in der Geräuschentwicklung lassen auf sehr verschiedene Verschleiß-erscheinungen schließen.

Störung	Beschreibung	Mögliche Ursache	Behebung
Mechanische Geräusche	Mahlen, schleifen klappern	Lagerverschleiß Rückschlagklappe	Pumpe wechseln oder drosseln
	Klickern	Fremdkörper in Gehäuse, Laufrad oder Leitung	Fremdkörper entfernen
Fließgeräusche	Gluckern	Luft in Anlage, Gasbildung	entlüften
	Rauschen in Pumpe oder Leitung	Pumpenleistung zu groß, Leitung zu klein	Förderdaten prüfen, kleinere Pumpe, größere Leitung
Kavitationsgeräusche	Prasseln	Kavitation	Pumpe drosseln, größere P., 4-polig

Tabelle 6: Analyse von Geräuschen

Störung	Beschreibung	Mögliche Ursache	Behebung
Resonanzgeräusche	Summen, dröhnen, schwingen	Förderung zu weit im Überlastbereich,	Förderdaten prüfen, Pumpe wechseln
		mehrere Pumpen auf einer Konsole	Laufrad wechseln Schwingungsdämpfer unter Pumpe
		starre Verbindung von Pumpe und Anlage Behälterform	Einzelaufstellung, flexible Leitungs-anschlüsse, Behälter verstärken
Undichtigkeit	Tropfen zwischen Pumpe u. Motor	GRD defekt: Verschleiß, Trockenlauf, falsche Drehrichtung, unsach-gemäßer Einbau, chemische Zersetzung	Gleitringdichtung wechseln
	Tropfen zwischen Flanschanschlüsse	verspannter Einbau, alte Dichtung	Flexible Leitungs-anschlüsse, Dichtung wechseln

Tabelle 7: Resonanzgeräusche und Undichtigkeit

Leistungsabfall

Obwohl die Pumpe Medium fördert, ist der Verschleiß vorprogrammiert, falls eine fehlerhafte Betriebsweise nicht korrigiert wird. Es kommt früher oder später zum Ausfall des Pumpenbetriebs. Ist die Förderleistung niedriger als der Soll-Wert, muss entsprechend einer Checkliste vorgegangen werden, um die Ursache zu ergründen. Solch eine mögliche Checkliste ergibt sich aus untenstehender Tabelle.

Störung	Beschreibung	Mögliche Ursache	Behebung
Pumpenleistung zu schwach	Falsche Drehrichtung	Elektrischer Anschluss falsch	Zwei Phasen tauschen
	Pumpe oder Leitung verstopft	Ansaugung und Ablagerung von Schmutz	Pumpe oder Leitung säubern, Ansaugfilter einbauen
	Luft in der Anlage	Luftansaugung durch zu geringe Überdeckung	Flüssigkeitsspiegel erhöhen, Saugleitung ändern, Niveau-schalter einbauen
	Rückschlagklappe öffnet nicht	Luft in der Anlage	Entlüftungsleitung direkt vor Rückschlagklappe
	Hoher Luftanteil im Medium	Bearbeitungsprozess	Medium entgasen

Tabelle 8: Analyse des Leistungsabfalls

Fehleranalyse mittels elektrischer Daten

Neben mechanischen Störungen, sind natürlich auch elektrische Schäden eine Folge fehlerhaften Betriebs.

Störung	Beschreibung	Mögliche Ursache	Behebung
Überlastung des Motors	Stromaufnahme zu hoch	Anlagenwiderstände zu niedrig Manometer defekt elektrischer Anschluss falsch	Pumpe drosseln, kleinere Pumpe, kleineres Laufrad elektrischer Anschluss mit Motorschild vergleichen, größerer Motor
Spannung am Klemmbrett	blockiert	Fremdkörper, Ablagerungen	Reinigung
	drehbar	Wicklung defekt	Motor oder Stator wechseln

Tabelle 9: Analyse der elektrischen Daten

2.5.2. abzuleitende Tendenzen

Sind bei der Inbetriebnahme keine Störungen und keine fehlerhaften Betriebs-zustände zu verzeichnen, kann nahezu ausgeschlossen werden, dass ein Fehler im System oder bei der Pumpe vorliegt.

Im Laufe des Betriebs einer Anlage kann sich allerdings der Betriebszustand verändern.

Verändertes Fördermedium, andere Betriebsweise bis hin zu Veränderungen der Anlagenkennlinie durch Umbaumaßnahmen im System können zu Störungen und folglich zu Verschleißschäden führen.

Eine Erhöhung der Geräuschentwicklung, Leistungsverlust oder eine Veränderung der elektrischen Daten weist auf eine Überlastung oder Fehlbelastung im System hin.

Eine Störungsfrüherkennung durch Anwendung von Systemen der vorausschauen-den Instandhaltung macht sich bei komplexen Systemen in jedem Fall bezahlt, da die Folgeschäden durch Produktionsausfall im Allgemeinen nicht unerheblich sind. Reparaturen und Instandhaltungsmaßnahmen lassen sich somit gut einplanen, rechtzeitig bevor der Schadensfall eintritt.

2.5.3. Maßnahmen zur Störungsvermeidung

Durch langjährige Erfahrungen mit Schäden an Pumpen ist es möglich, nach genauer Analyse des Schadens Rückschlüsse auf die Ursachen der Schädigung zu treffen. Das Lernen aus den Schadensbildern kann durch vorausschauende Instandhaltung zu einer Schadensvermeidung schon im Vorfeld des sich anbahnenden Schadens führen. Aus dem Schadensbild lassen sich Maßnahmen ableiten, die durch Vorbeugung oder gezieltes Monitoring den Verschleiß minimieren.

Ergeben sich aufgrund der Überwachung des Betriebs der Pumpen Erkenntnisse, die einen wiederkehrenden Schaden prognostizieren lassen, sind konstruktive Änderungen die nächstliegende Maßnahme.

Sind verschleißfördernde Betriebszustände, wie das Fördern von feststoffbehafteten Medien wie beispielsweise Kühlemulsion, die mit Metall-Spänen oder Schleifstaub verunreinigt ist, kann der zu erwartende Schaden mit Hilfe einer Strömungs- und Verschleiß-Simulation vorausberechnet werden.

Sofern konstruktive Maßnahmen aus verschiedenen Gründen nicht realisierbar sind, müssen andere Möglichkeiten der Produktanpassung gefunden werden.

Oberflächenbeschichtungen, die die Randschicht der Bauteile insofern verändern, dass sie härter, d. h. widerstandsfähiger gegen Feststoffe sind, bieten als Option eine Veredlung der Bauteile.

2.5.4. Strömungssimulation

Um die Strömung des zu fördernden Mediums in Laufrad und Spiralgehäuse genauer analysieren zu können, kann durch entsprechende Software (CFD, solid works, u. a.) der Strömungsverlauf berechnet werden. Dazu müssen die genauen, geometrischen Daten zur Pumpe, sowie die Strömungsdaten wie Volumenstrom, Druck etc. verfügbar sein. Zur Berechnung werden die Geometriedaten der Pumpe mit der Software aufbereitet. Anschließend erfolgt eine Vernetzung (Gitternetz) als Vorbereitung für die Berechnung der Strömung.

Durch die Simulation unterschiedlicher Betriebszustände lässt sich ein Schadensbild erstellen.

Bei Versuchen hat sich gezeigt, dass die Schadensbilder der einzelnen Bauteile mit den Ergebnissen der Strömungssimulation sehr gut übereinstimmen. Die Stellen mit erhöhter Strömungsgeschwindigkeit zeigen die stärksten Verschleißerscheinungen.

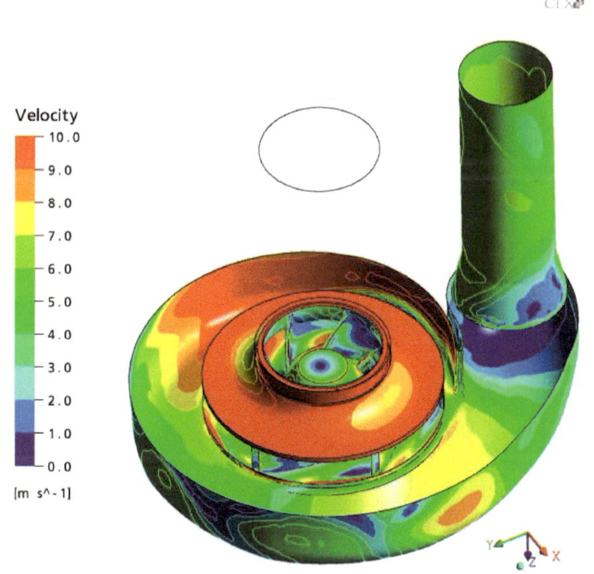

Bild 45: Geschwindigkeitsverteilung in Laufrad und Spiralgehäuse

Basierend auf den Simulationsergebnissen lassen sich konstruktive Maßnahmen oder Bauteilveränderungen ableiten. In Kapitel 3.5. „Strömungsoptimierung“ wird noch genauer beschrieben, wie die Simulation von Verschleiß bei abrasiven Fördermedien mittels Strömungssimulation möglich ist.

2.6. Schadensbilder

Aufgrund der Schadensbilder lassen sich nicht immer Rückschlüsse auf die Schadensursachen ziehen. Eine Analyse aller Einflussfaktoren muss systematisch erfolgen, um mögliche Ursachen ausschließen zu können. Sehr hilfreich kann eine Strömungs- und Verschleißsimulation mittels am Markt verfügbarer Programmen sein.

Untersuchungen ergaben, dass die Schadensbilder einzelner Bauteile nahezu deckungsgleich mit den Ergebnissen der Strömungssimulation sind. Die Stellen mit erhöhter Strömungsgeschwindigkeit zeigen die stärksten Verschleißerscheinungen.

Oftmals sind falsche Auslegung (Kavitation, Lagerschaden), zu hoher Feststoff-Anteil (Überlastung, Verstopfung) zu „harte Feststoffe (Abrasion + „Löcher“) die Ursache der Schäden. Sich über einen längeren Zeitraum ansammelnde Ablagerungen führen vor allem bei diskontinuierlichem Betrieb oder bei Betrieb mit längeren Stillstands-Zeiten zu Schäden. Bei kontinuierlichem Betrieb werden Stoffe, die zu Ablagerungen führen könnten, meist aus der Pumpe herausgespült.

Ablagerungen müssen vermieden werden, da sie Pumpe und Rohrleitungen verstopfen können. In Extremfällen können sie auch eine chemische Zersetzung des Materials bewirken.

Bild 46: Laufrad mit verklebten Lackresten

Obiges Bild zeigt das Laufrad einer Lackwasserpumpe. Zu geringe Durchflussgeschwindigkeit, zu hoher Lackanteil, oder eine zu lange Stillstands-Zeit führte zum Verkleben des Laufrads und darauffolgendem Ausfall der Pumpe.

Bei einer Reparatur sollte immer der Schaden genau analysiert und nicht nur das defekte Bauteil ausgewechselt werden. Direkte Maßnahmen zur Vorbeugung sind einzuleiten.

Es sollte geprüft werden, ob konstruktive Änderungen an Anlage oder Pumpe durch-geführt werden müssen. Häufig wiederkehrende Schäden lassen auf Betriebs- oder Konstruktionsfehler schließen.

3. Messtechnische Erfassung von Störungen und Verschleiß

Bei der Überwachung von Anlagen- oder Pumpenkenngrößen ist grundsätzlich zu entscheiden, welcher Aufwand dafür angemessen ist. Ob permanent oder mit einer mobilen Messanlage nur ab und zu, ob zyklisch oder täglich oder eine nur wöchentlich durchgeführt Messung ausreichend ist. Für alle zu messenden Prozessparameter wie Drehzahl, Temperatur, Druck, Differenzdruck, Schwingungen, Strom, Spannung, Volumenstrom, Leckage und Füllstand gibt es die passenden Sensoren. Bis hin zur permanenten Überwachung des Rundlaufs einer Welle per Laser. Vor allem die Messung und die Dokumentation der Veränderung einer Messgröße ist notwendig. Die wichtigsten Parameter, um den Zustand einer Pumpe zu erfassen werden hier näher beschrieben. Dies sind Druck, Temperatur, Drehzahl, Strom und Schwingung.

3.1. Schwingungsmessung

Zur Schwingungsuntersuchung werden Messungen mittels sogenannter Körper-schall-Sensoren durchgeführt. Der Sensor, als Beschleunigungssensor ausgeführt, misst die Vibration an der Pumpe in g (Erdbeschleunigung: 9,81 m/s^2). Der Sensor wird am Spiralgehäuse der Pumpe entweder fest angeschraubt, oder für die mobile Messung bzw. Überwachung mit einem Magnetfuß befestigt. Die Körperschallschwingungen sind sehr aussagekräftig. Dem an der Pumpe gemessenen Schwingungswert kann ein Schadensbild direkt zugeordnet werden.

3.2. Temperaturmessung

Temperaturen können entweder mit Thermoelementen oder mit PT 100 – Sensoren gemessen werden. Messpunkte sind kritische Pumpen- oder Anlagenkomponenten wie Gleitringdichtungen, Wälzlager, Motoren, Rohrleitung, sowie das Fördermedium auf der Druck- oder Saugseite.

Eine merkliche Erhöhung oder Veränderung der Temperatur deutet auf eine Störung oder einen sich anbahnenden Verschleiß hin. Eine Temperaturüberwachung ist in vielen Elektromotoren zum Schutz vor Überlastung bereits integriert (Kaltleiter).

Bei Überlast ist die Temperatur im Klemmenkasten des Motors höher als die Temperatur direkt an der Pumpe (Lager, Spiralgehäuse), da sich der Motor bei Überlast schneller erwärmt. Zur Temperaturüberwachung wird dabei die Elektronik im Klemmenkasten der Pumpe in einem festgelegten Zeitabschnitt (z.B. im Sekundentakt) geprüft. Es wird ein zulässiger Maximalwert von beispielsweise 100 °C festgelegt. Überschreitet die Temperatur den voreingestellten Konfigurations-wert, wird ein Temperaturfehler angezeigt. Steht dieser Fehler dauerhaft an, wird die Pumpe abgeschaltet.

Je nach Anwendung und Überwachungssystem, wird die Temperatur im Medium oder im Klemmenkasten überwacht.

3.3. Druckmessung

Die Überwachung des Förderdrucks schafft Sicherheit, dass der Förderstrom konstant bleibt und die Strömung nicht abreißt. Druckschwankungen, Pulsationen, Druckstöße und auch Unterdruck können erfasst und durch entsprechende Systeme geregelt werden. Um aussagekräftige Werte, auch bezüglich des Druckabfalls zu erhalten, erfolgt die Druckmessung sowohl auf der Saug- als auch auf der Druckseite. Ein Differenzdrucktransmitter erfasst den Druckunterschied zwischen Druck- und Saugseite.

3.4. Drehzahlmessung

Je nach Anwendung soll die Drehzahl konstant bleiben oder geregelt werden, beispielsweise mit Frequenzumrichter, um die Förderleistung dem Bedarf anzupassen. Zur stationären Überwachung kann die Drehzahl als analoges Signal aus der Elektronik im Motorklemmenkasten abgegriffen werden. Zur kurzzeitigen, mobilen Messung wird ein Lasermessgerät eingesetzt. Dabei wird am Lüfterrad des Motors eine Reflexionsmarke angebracht, die vom Lasersensor bei jeder Umdrehung des Lüfterrades erfasst wird. Ist die Drehzahl zu niedrig, kann von einer Überlastung ausgegangen werden. Ist die Drehzahl erhöht, kann es möglich sein, dass die Saugseite teilweise oder ganz geschlossen ist. Bei erhöhtem Luftanteil ist die Drehzahl stark erhöht und bei Kavitation sehr stark erhöht.

3.5. Strommessung

Der Motorstrom kann durch eine Minimal-/Maximalwert-Erfassung überwacht werden. Eine Abweichung wird als Fehler erkannt. Im Leerlauf und bei Trockenlauf nimmt die Pumpe durchaus weniger als die Hälfte des Sollstroms im Vergleich zum Normalbetrieb auf. Die Stromüberwachung ist konfigurierbar und kann einige Sekunden nach dem Motorstart beginnen und bis zur Abschaltung des Motors dauern.

3.6. Schadensdiagnose durch Zustandsüberwachung und Schwingungsanalyse

Die genaue Untersuchung der Schwingungsmessung bildet die Grundlage der Schadensanalyse. Durch die Schwingungsanalyse kann, wie bei keinem anderen Verfahren, so genau auf die Art des Schadens oder auf einen fehlerhaften Betriebszustand geschlossen werden. Jede Pumpe hat ein eigenes, typisches Schwingungsverhalten, das sich bei unterschiedlichen Betriebszuständen ändert. Durch Schwingungsanalyse können Diagnosen wie Lagerschaden, Auswuchtfehler, Verschleiß an Laufradschaufeln oder auch Kavitation sehr präzise benannt werden. Durch Frequenzanalyse können die Schadensbilder sehr genau voneinander unterschieden werden. Die permanente Überwachung der Schwingung ist bei kritischen Prozessen, bei sehr teuren Pumpen und Anlagen sinnvoll, bei denen keine Ersatzpumpe bereitgehalten wird.

4. Vorbeugung vor Kavitation und Verschleiß

Die wichtigste Maßnahme zur Vorbeugung vor Schäden ist die Vermeidung von Auslegungs- und Planungsfehlern. Eine genaue Kenntnis des Anlagenbetriebs, das Vorliegen des Anlagenschemas erleichtert die Auswahl der Pumpe sehr.

Die Missachtung der Grundgesetze der Hydraulik, oft auch aus Kostengründen, führt zwangsweise zu Schädigungen in der Pumpe und im System. Vorausschauende Instandhaltung und gegebenenfalls der Einsatz eines Monitoring-Systems sollten eingeplant werden. Die Strömungsoptimierung der Anlage schützt in jedem Fall langfristig vor Verschleiß.

4.1. Vermeidung von Auslegungs- und Planungsfehlern

Vor allem Kosten lassen sich durch eine präzise Planung und exakte Bauausführung sparen. Folgekosten, die erst nach einiger Zeit entstehen, lassen sich durch geeignete Maßnahmen vermeiden. Dazu gehören insbesondere:

- Genauen Betriebspunkt festlegen (Anlagenkennlinie, Pumpenkennlinie)
- Strömungsverluste berücksichtigen
- Sauganforderungen prüfen (Saugleitung, ob selbstansaugend)
- Betriebspunkt-Anpassung (Drehzahl-Regelung, FU)
- Viskosität berücksichtigen (Wasser, Öl, andere Flüssigkeiten)

Sind die Kennwerte definiert und erfasst, lassen sich weitere Schritte mittels verschiedener Software realisieren.

4.1.1. Genaue Betriebspunktfestlegung

Pumpenauswahlprogramme ermöglichen die Bestimmung der Pumpe, die auf die entsprechende Anwendung zugeschnitten ist. Förderstrom, Fördermenge, Laufrad-durchmesser, Motorart und Motorgröße, Einsatz eines Frequenzumrichters sind bestimmende Kriterien. Ist die Anlagenkennlinie nicht bekannt, sollte durch Druck-verlustberechnung des Rohrleitungssystems mit den verschiedenen Einbauten die Charakteristik ermittelt werden.

Üblicherweise liegt der optimale Betriebspunkt im Bereich des höchsten Wirkungsgrads. Dies bedeutet eine optimale Abstimmung von Druck, Durchsatz und elektrischer Leistung. Wird die Pumpe in diesem Betriebspunkt gefahren, kann von einem sehr schonenden Betrieb ausgegangen werden.

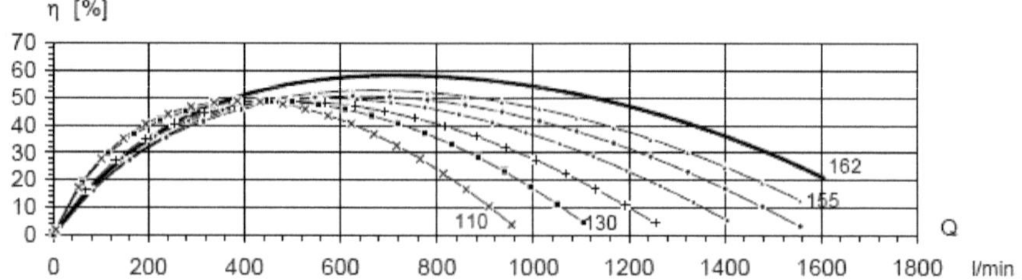

Diagramm 6: Wirkungsgrad in Abhängigkeit vom Volumenstrom

Zur Vor-Auswahl der Pumpengröße wird das Kennfeld herangezogen. Es sollte vermieden werden, die Pumpe an der Grenze ihres Kennfeldes zu betreiben. Insbesondere sind die Angaben der Kunden bzw. der Anlagenbetreiber oftmals nicht ganz exakt. Es empfiehlt sich deshalb, eine Leistungsreserve vorzusehen.

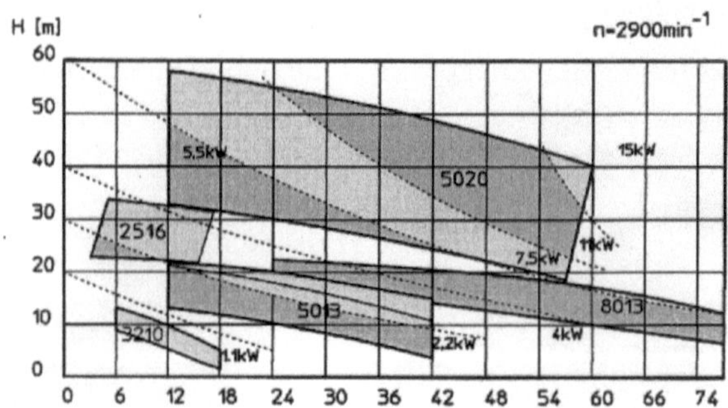

Diagramm 7: Kennfeld: Förderhöhe in Abhängigkeit vom Volumenstrom Q [m³/h]

Eines der wichtigsten Auswahlkriterien zur Auswahl und Bestimmung der Pumpengröße ist die Q-H-Kennlinie. Die notwendige Förderhöhe H und der gewünschte Durchsatz bzw. Volumenstrom Q bilden die Basis für die genaue Auswahl der Pumpe.

Weitere Angaben zur Förderaufgabe der Pumpe sind zusätzlich erforderlich. Temperaturbeständigkeit, Daten zu pH-Wert, Viskosität, Korrosivität sind ebenfalls dringend notwendig, um Schäden vorzubeugen. Muss die Pumpe selbstansaugend sein, ist dies ebenfalls ein wichtiges Kriterium.

Betriebspunkt und Anlagen-Kennlinie

Der Betriebspunkt stellt sich in Abhängigkeit von Drosselkurve (Pumpenkennlinie) und Anlagenkennlinie automatisch auf den Schnittpunkt dieser beiden Linien ein. Zur Auswahl der richtigen Pumpe muss die Anlagenkennlinie bzw. müssen Daten darüber bekannt sein.

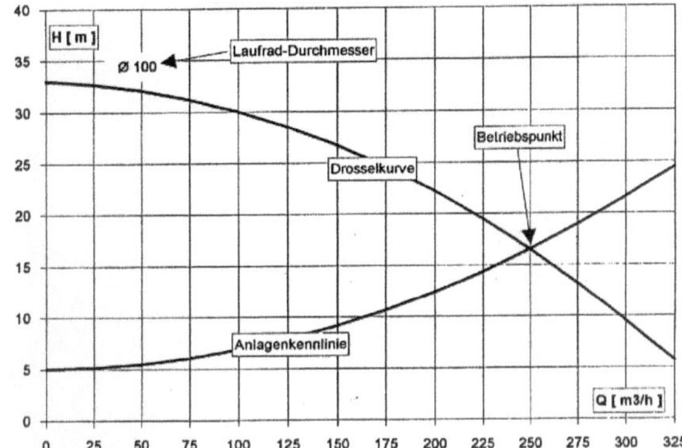

Diagramm 8: Drosselkurve und Anlagenkennlinie

Die Anlagenkennlinie ergibt sich aus einem statischen und einem dynamischen Teil.

- Statischer Teil: H_{stat}
- Dynamischer Teil: H_{dyn}

Der statische Teil setzt sich zusammen aus der geodätischen Höhe und dem Druckverlust der Anlage.

Der dynamische Teil berücksichtigt die Strömungsverluste zwischen Ein- und Austritt der Anlage, die sich mit steigendem Förderstrom erhöhen. Zur Minimierung der Strömungsverluste empfiehlt sich eine Strömungsgeschwindigkeit von v= 2 bis 3 m/s. Entsprechend sind die Rohrleitungsdurchmesser auszuwählen.

Soll eine gewünschte Fördermenge mit mehreren Pumpen erreicht werden, können Pumpen im Parallelbetrieb laufen. Dabei addieren sich die Fördermengen, der sich einstellende Betriebspunkt muss aber überprüft werden.

Im Folgenden sind die Diagramme für Reihen- und Parallelbetrieb abgebildet.

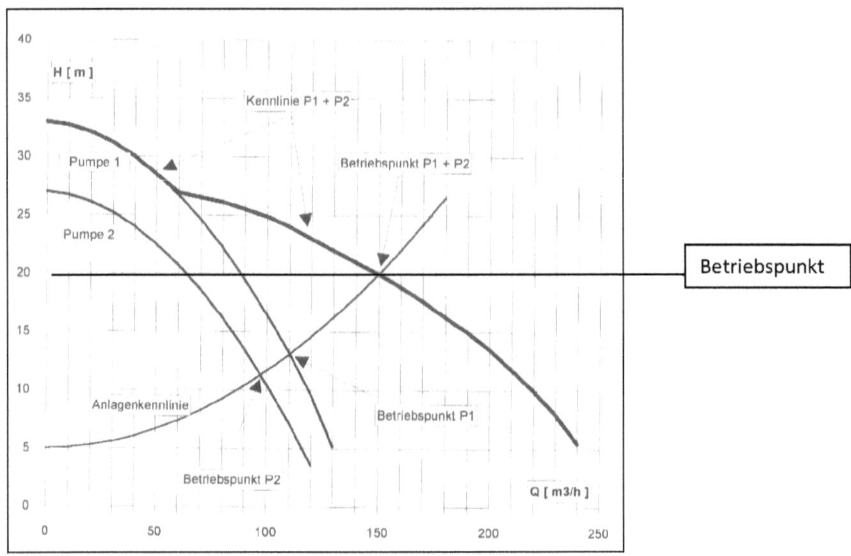

Diagramm 9: Parallelbetrieb, Einzelfördermengen addieren sich

Soll der Förderdruck erhöht werden, können Pumpen in Reihe geschaltet werden. Die Einzelfördermengen addieren sich dabei nicht (Eindrosselung auf Betriebspunkt P1 + P2 Soll).

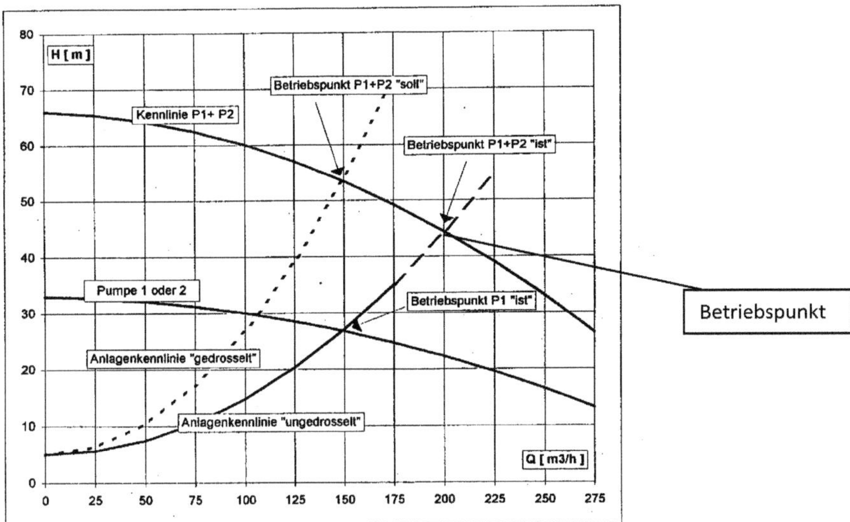

Diagramm 10: Reihenbetrieb, Erhöhung des Drucks

Sind bei beiden Betriebsarten, Parallel- und Reihenbetrieb, die Pumpen nicht optimal aufeinander abgestimmt, kommt es zu Strömungsverlusten und in extremen Fällen zu Schäden.

Verschiedene Software-Programme zur Pumpenauswahl sind am Markt verfügbar.

Im Folgenden eine kurze Beschreibung.

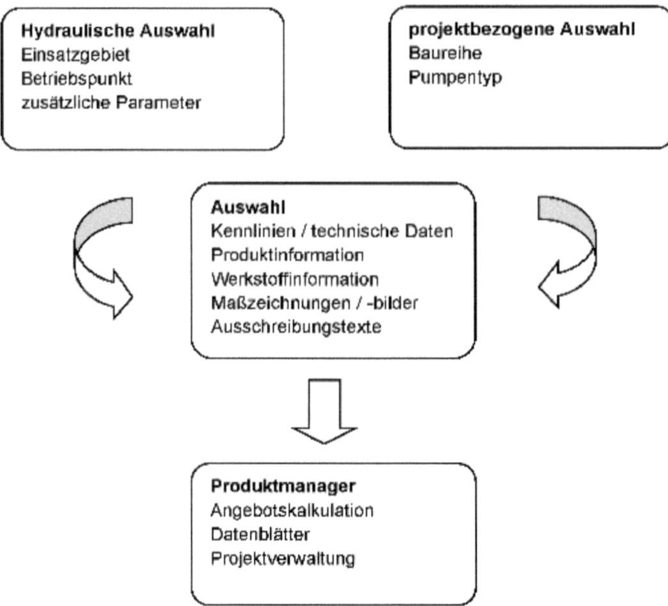

Bild 47: Beispiel eines Pumpen-Auswahlprogramms

Voraussetzung für die exakte Pumpenauswahl ist, dass das Einsatzgebiet, die Anlagenkennlinie, die genauen Betriebsparameter sowie der voraussichtliche Pumpentyp bekannt sind. Beispielsweise selbstansaugend, Tauchpumpe, Förder-medium mit Feststoffen, o. ä. können die Anforderungen sein. Es sollten möglichst viele Parameter bekannt sein.

Mit Hilfe der Auswahlprogramme können dann relativ schnell die Daten der passen-den Pumpe ermittelt werden.

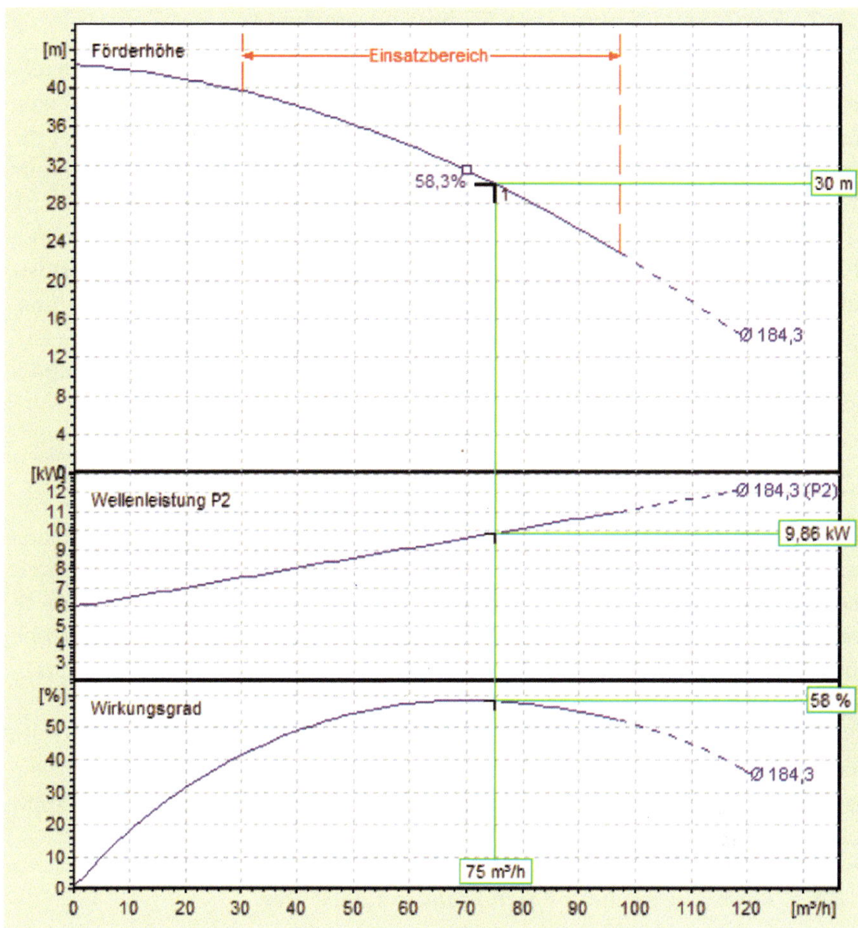

Bild 48: Ergebnisse durch Pumpen-Auswahlprogramm ermittelt

Obiges Diagramm zeigt die Ergebnisse einer Beispielrechnung nach Eingabe der Betriebsparameter. Die gewünschte Förderhöhe beträgt 30 m (3,0 bar) bei einem Volumenstrom von 75 m³/h. Die Optimierung wird hier durch Anpassung des Laufrad-Durchmessers erreicht. Das Laufrad wird auf einen Durchmesser von 184,3 mm abgedreht. Der Wirkungsgrad im Betriebspunkt beträgt hier 58 %, bei einer Leistungsaufnahme des Motors von 9,86 kW. Somit kann für diesen Betriebspunkt der bestmögliche Wirkungsgrad bei optimiertem Energieverbrauch erzielt werden. Die Anpassung des Laufrad-Durchmessers ist in Kapitel 4.1.3.2. noch näher beschrieben.

4.1.2. Berücksichtigung von Strömungsverlusten

Jedes Ventil, jeder Absperrschieber oder Rohrkrümmer, ja sogar eingebaute Sensoren kosten Strömungsenergie, was vor allem bei Änderungen an Anlagen berücksichtigt werden muss. Das Fließbild bzw. das Anlagenschema bildet die Grundlage für die Funktion der Anlage. Strömungsverluste lassen sich bereits im Anlagenschema erkennen. Durch die Auswahl der Rohre (Rauigkeit, innen), Armaturen, Ventile oder Schieber, Krümmer, Rohrbögen und Kompensatoren etc. lassen sich die Strömungsverhältnisse stark beeinflussen. Weniger verlustbehaftete, hochwertige Komponenten sind in der Regel teurer als kostengünstige Bauteile. Eine einmalige Investition in „weniger Verlust" zahlt sich aber aus, da dadurch Energie und somit Kosten eingespart werden können (s.a. Kapitel 4.5).

4.1.3. Betriebspunktanpassung

Um den Pumpenbetrieb auf den optimalen Betriebspunkt abzupassen, stehen verschiedene Möglichkeiten zur Verfügung. Die Drosselregelung mittels Schieber oder Ventil wird zwar sehr oft angewendet, ist aber eine der schlechtesten Varianten. Sie ist strömungstechnisch ungünstig, vernichtet Energie und kostet somit Geld. Besser und kostengünstiger sind Anpassungen durch Drehzahlregelung oder Anpassung der Laufraddurchmesser.

Eine weitere Betriebsmöglichkeit bietet die Bypass-Regelung. Dabei wird ein Teil des Förderstroms abgezweigt und in den Behälter zurückgeführt. Über ein Regelventil in dieser zweiten Rohrleitung wird der Förderstrom in der Hauptrohrleitung reguliert.

4.1.3.1. Drehzahlregelung durch Frequenzumrichter

Eine sehr effektive Maßnahme, vor allem auch zur Kosten- und Energieeinsparung, bietet sich durch Drehzahlregelung der Pumpen an. Warum aber trägt der Frequenz-umrichter zur Schadensvermeidung bei? Die Drehzahlregelung mit Frequenzumrichter ist eine sehr schonende und energiesparende Maßnahme. Die genaue Einstellung auf den optimalen Betriebspunkt fördert einen ruhigen Lauf der Pumpe und ein gleichmäßiges Fließen des Fördermediums im Rohrleitungssystem. Schwingungen im System können größtenteils vermieden und Lager geschont werden. Durch langsames Anlaufen wird der Motor geschont, so dass es nicht zu Überspannungsproblemen kommt (Rampenschaltung).

Ohne Frequenzumrichter ist die Einstellung des Betriebspunktes nur direkt auf der Pumpenkennlinie möglich, nicht jeder beliebige Punkt ist einregelbar.

Frequenzumrichter ermöglichen eine stufenlose variable Drehzahlregelung in einem definierten Bereich. Bei Auslegung einer Pumpe auf 50 Hz bedeutet dies:
f_{min} = 10 Hz
f_{max} = 50 Hz

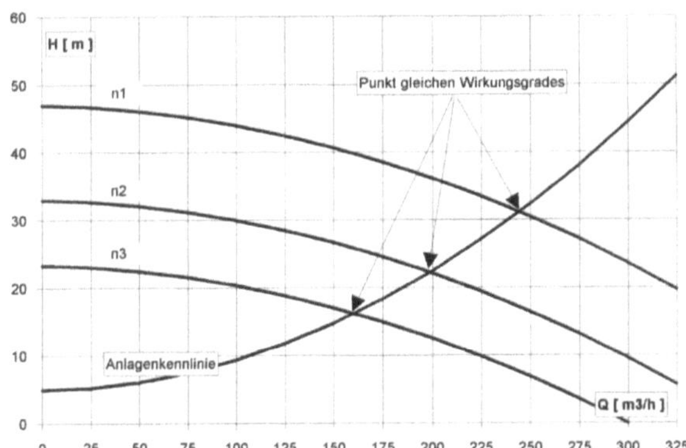

Diagramm 11: Betriebspunkt-Anpassung durch Drehzahl-Regelung 1

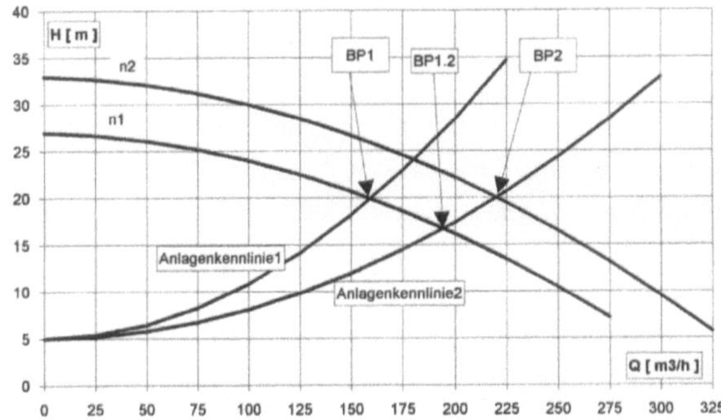

Diagramm 12: Betriebspunkt-Anpassung durch Drehzahl-Regelung 2

Im obigen Beispiel (Diagramm 12) soll bei steigender Fördermenge eine Leistungs-anpassung durch Drehzahlerhöhung erfolgen. Der bisherige Betriebspunkt BP1 auf der Anlagenkennlinie AKL1 ergibt sich bei der Drehzahl n1. Durch das Zuschalten weiterer Verbraucher (höhere Fördermenge) ergibt sich BP1.2 auf der Anlagenkennlinie AKL2 mit der Drehzahl n1. Zur gewünschten Erhöhung der Fördermenge auf 222 m^3/h wird die Drehzahl auf n2 erhöht. Dadurch stellt sich der neue Betriebspunkt BP2 auf der Anlagenkennlinie AKL2 ein.

Der Betriebspunkt der Pumpe ist durch Änderung der Anlagenkennlinie und gleichzeitiger Verlagerung der Pumpenkennlinie exakt einstellbar.

Die Volumenstromanpassung durch eine Drehzahlregelung mittels Frequenzumrichter hat weitere Vorteile. Durch den Einsatz eines Frequenzumrichters, der die Drehzahl dem Bedarf anpasst, kann der elektrische Strom und damit auch die Kosten proportional der Volumenstrom-Reduzierung eingespart werden. Bei entsprechender Regelung sind Einsparungen bis über 50 % möglich.

Durch Erhöhung der Frequenz (z. B. von 50 Hz auf 60 Hz) ändern sich folgende Förderdaten:

- Drehzahl (3000 1/min _ 3600 1/min) [x 1,2]
- Fördermenge ($Q_2 = Q_1 \times 1{,}2$)
- Förderhöhe ($H_2 = H_1 \times 1{,}2^2$)
- Förderleistung ($P_2 = P_1 \times 1{,}2^3$)

	Fördermenge	Förderhöhe	Förderleistung
n1 = 3000 1/min	Q1 = 200 m³/h	H1 = 22,2 m	17,8 kW
n2 = 3600 1/min	Q2 = 240 m³/h	H2 = 32,0 m	30,75 kW !
Faktor	1,2	1,44 [= $1{,}2^2$]	1,73 [= $1{,}2^3$]

Tabelle 10: Änderung der Förderdaten durch Frequenzerhöhung

Aus obiger Tabelle wird ersichtlich, dass sich bei einer Erhöhung der Frequenz um 20 % auf 60 Hz die Förderleistung um 73 % erhöht. Folglich kann bei einer Reduzierung der Drehzahl auch der Energieverbrauch drastisch reduziert werden.

Optimaler Druck oder Volumenstrom bei Kaskadenschaltung:

Drehzahlgeregelte Pumpen sorgen für einen konstanten Druck oder einen konstanten Volumenstrom.

Beim Betrieb mit mehreren Pumpen in Kaskade erfasst der Drucksensor beispiels-weise den Druck in der Rohrleitung und regelt den vorgegebenen Soll-Wert je nach Funktion. Das Signal geht direkt an den Frequenzumrichter, der den Volumenstrom dem vorgegebenen Wert anpasst.

Bild 49: Kaskadenschaltung von Pumpen

Beim Betrieb mit mehreren Pumpen erfasst ein Sensor jede Soll-Abweichung, die sich durch das Zu- oder Abschalten weiterer Pumpen ergibt. Das Signal des Sensors wird direkt auf die Pumpe übertragen und regelt die Drehzahl entsprechend dem Bedarf nach oben oder unten. Durch die optimale Einstellung von Druck oder Volumenstrom ist die Prozesssicherheit gewährleistet und dass das System immer mit dem gewünschten Sollwert gefahren wird.

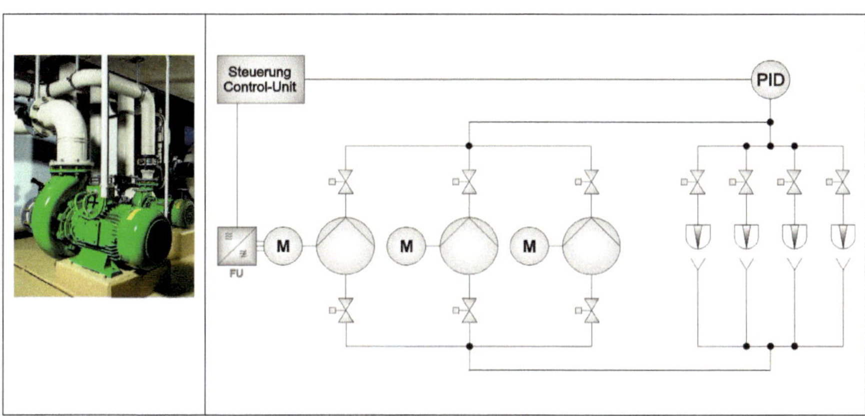

Bild 50: Kaskadenschaltung mehrerer Pumpen

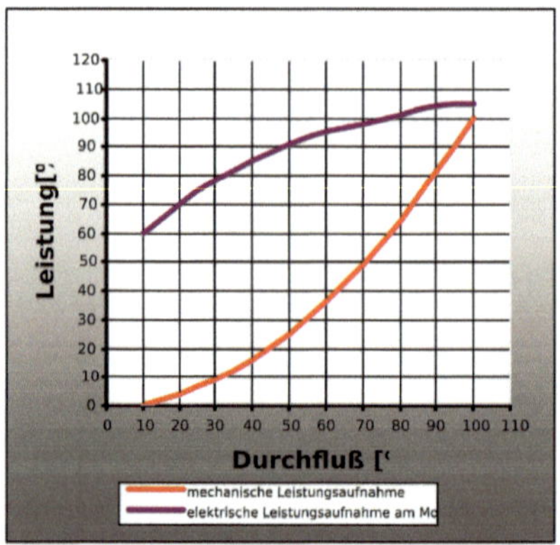

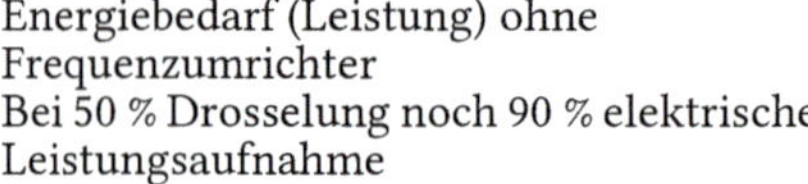
Energiebedarf (Leistung) ohne Frequenzumrichter
Bei 50 % Drosselung noch 90 % elektrische Leistungsaufnahme

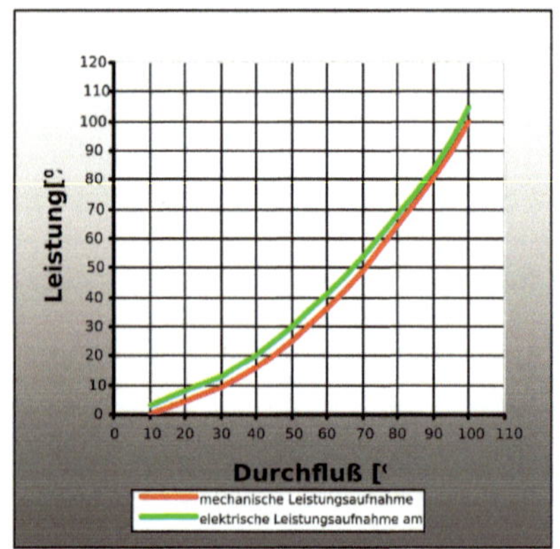

Energiebedarf (Leistung) mit Frequenzumrichter
Bei 50 % Drosselung noch 30 % elektrische Leistungsaufnahme

Diagramme 13** und **14: Leistungsaufnahme bei Betrieb mit und ohne Frequenzumrichter

Die Vorteile und Randbedingungen des Pumpenbetriebs sind nachfolgend nochmals zusammengefasst:

- Betriebspunkt der Pumpe ist durch Änderung der Anlagenkennlinie und gleichzeitiger Verlagerung der Pumpenkennlinie (durch Frequenzänderung) exakt einstellbar
- geringerer Energieverbrauch
- optimaler Wirkungsgrad des Motors / der Pumpe ist parametrierbar
- Motorschonung (keine Überspannungsprobleme) durch langsames Anlaufen (Rampenschaltung)
- Grundsätzlich gilt: Eine Erhöhung der definierten maximalen Frequenz ist nicht zu empfehlen
- Pumpen, die für einen definierten Maximal-Frequenz-Betrieb (z. B. 50 Hz) ausgeführt wurden, dürfen nicht in der Frequenz nach oben (z. B. 60 Hz) geändert werden, da der Motor sonst überlastet werden kann oder die Pumpe kavitiert
- Ist eine Frequenzänderung nach oben trotzdem nötig, muss der Laufrad-Durchmesser verkleinert werden

- Auch bei nachträglichem Einbau des Frequenzumrichters ist eine Überlastung des Motors durch eine Fehlbedienung des FU möglich.

Auch eine Druckregelung ist mittels Frequenzumrichter realisierbar und schont die Pumpe. Wird in einem Rohrleitungsnetz der Druck konstant gehalten, können Druckstöße und auch Trockenlauf vermieden werden. Durch Programmierung der Soll-Parameter kann der gewünschte Pumpenbetrieb exakt eingestellt werden.

Ausgehend von einer Gesamtkostenbetrachtung, bei der der Energieanteil mit 45 % den größten Kostenfaktor ausmacht (siehe Kapitel 8.3), ist es sehr lohnenswert, hier zu optimieren. Zumal vor dem Hintergrund steigender Energiepreise in Zukunft mit einer exponentiellen Steigerung der Kosten für Energie zu rechnen ist.

Durch gesetzliche Vorschriften der Europäischen Union werden in Zukunft immer mehr drehzahlgeregelte Antriebe zum Einsatz kommen, ungeregelte werden eher weniger zum Einsatz kommen.

In folgender Beispielrechnung ist dargelegt, wie sich bei verschiedenen Betriebs-Intervallen einer Pumpe die Wirtschaftlichkeit darstellt. [21]

Daten Pumpe	
Bemessungsbetriebspunkt:	1 bar / 350 m^3/h
2. Betriebspunkt bei Bemessungsdrehzahl:	0,01 bar / 600 m^3/h
Bemessungsdrehzahl:	1.430 1/min
Bemessungswirkungsgrad:	75 %

Angaben zur Anlagenkennlinie	
Max. Betriebspunkt (für Häufigkeitsverteilung):	1 bar / 350 m^3/h

Angaben für die Energiekostenbetrachtung	
Energiepreis:	0,1 €/kWh
Zusätzliche Kosten Umrichter:	2.500 €
Wirkungsgrad der Antriebsachse:	90 %
Alternative Regelung:	Drosselregelung

Tabellen 11 a – 11 c: Vorgaben für die Berechnung

In dieser Beispielrechnung wird eine Pumpe im Betriebspunkt 1 bar/350 m³/h betrieben. Ausgehend von einer Gesamtlaufzeit von 7 700 Stunden pro Jahr läuft die Pumpe in unterschiedlichen Intervallen (s. Häufigkeitsverteilung in Diagramm 17). Von 200 h/a bei 10 % des Volumenstroms, 800 h/a bei 20 %, 1 300 h/a bei 30 % des Volumenstroms und weiteren Intervallen, wurde ein Jahreszyklus simuliert.

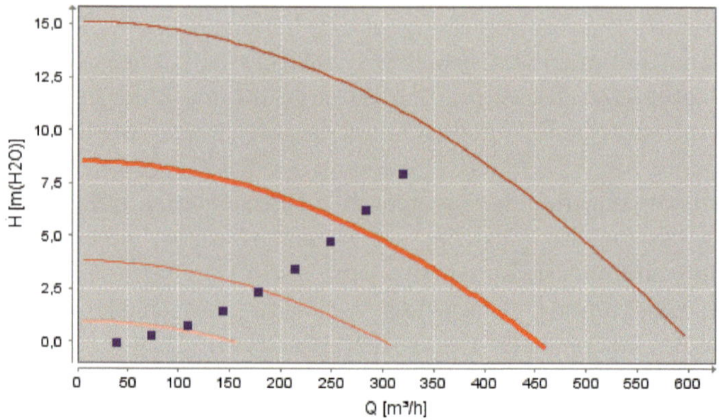

Diagramm 15: Bemessungs-Betriebspunkte mit Drehzahlabhängigen Kennlinien [21]

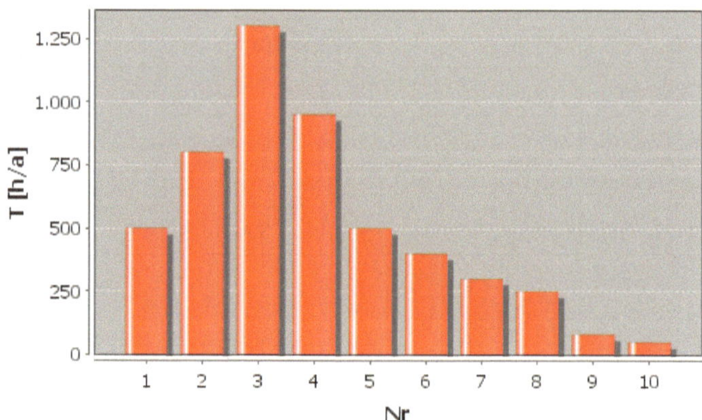

Diagramm 16: Laufzeit in h pro Jahr bei 10 verschiedenen Betriebsintervallen [21]

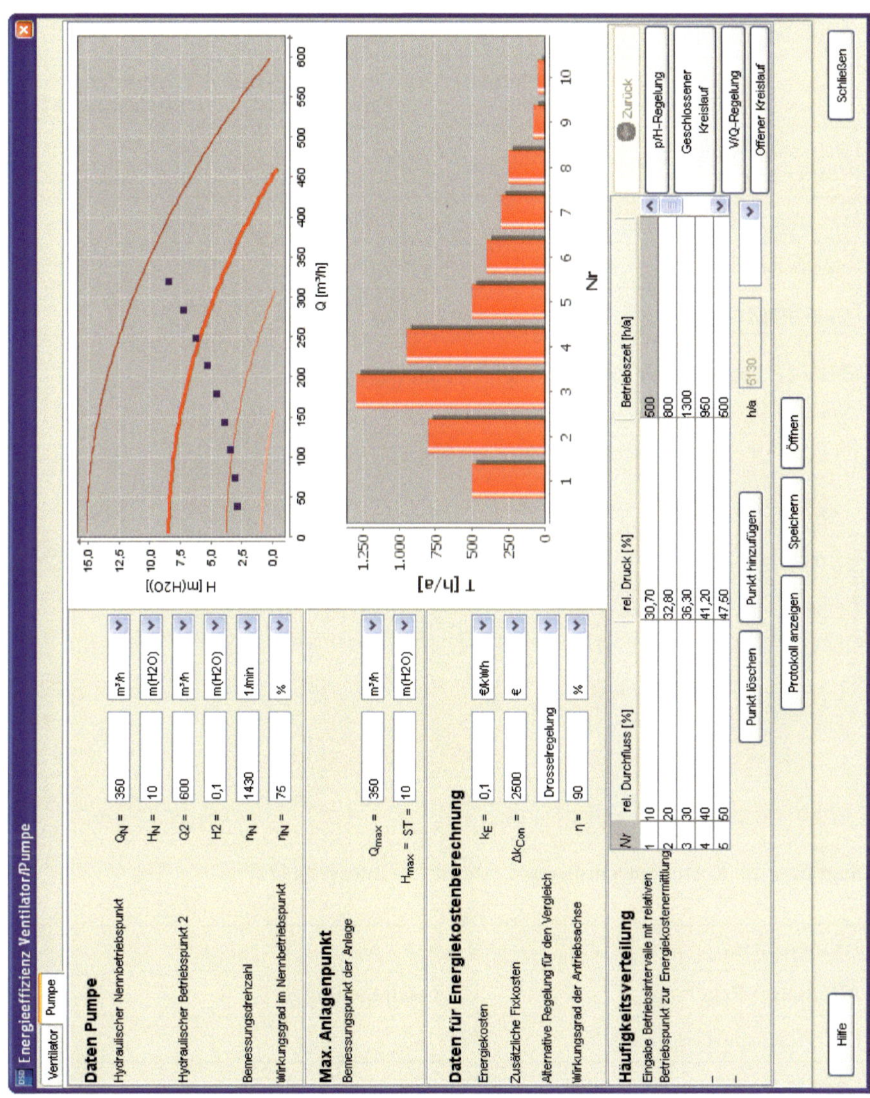

Diagramm 17: Datenzusammenfassung für die Berechnung [21]

Vergleich Energiekosten			
	Energiekosten pro Jahr	**Einsparung mit Umrichter [€]**	**Einsparung mit Umrichter [%]**
Drehzahlgeregelt (Umrichter)	1.495€	0€	0%
Max. Betriebspunkt	6.650€	5.155€	78%
Bypass-Regelung	6.596€	5.101€	77%
Drosselregelung	6.768€	5.273€	78%

Tabelle 12: Ergebnis der Energiekosten-Berechnung [21]

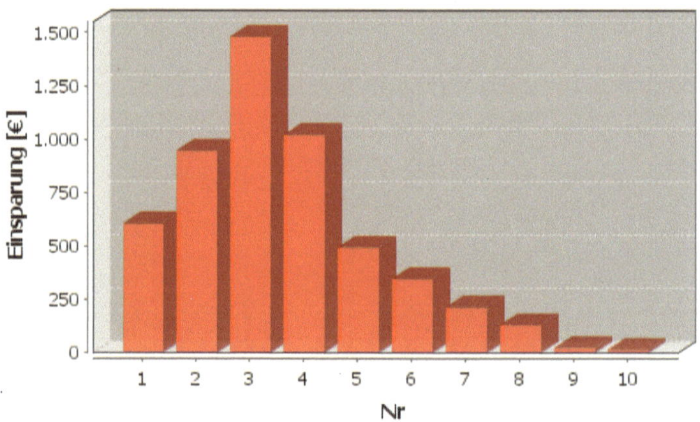

Diagramm 18: Kosteneinsparung pro Jahr der 10 Intervalle [21]

Amortisation	
Alternative Regelung	Drosselregelung
Energieeinsparung pro Jahr	5.273 €
Zusätzliche Kosten Umrichter	2.500 €
Theoretische Amortisierungszeit	0,5 a

Tabelle 13: Amortisations-Betrachtung [21]

Die Berechnung ergab, dass sich die zusätzlichen Kosten von 2 500,- € für einen Frequenzumrichter bei dieser Betriebsweise in 10 verschiedenen Intervallen bereits schon nach 0,5 Jahren amortisieren. Auch bei anderen, viel ungünstigeren Betriebs-Intervallen, amortisiert sich aber ein Frequenzumrichter bereits nach wenigen Jahren.

4.1.3.2. Anpassung des Laufraddurchmessers

Eine Anpassung der Pumpe an den Betriebspunkt ohne zusätzliche Komponenten bietet die Bearbeitung des Pumpenlaufrades. Durch die Veränderung des Laufrad- Durchmessers – durch Abdrehen – kann der erforderliche Betriebspunkt eingestellt werden.

Im folgenden Diagramm sind die Abdrehkurven dargestellt.

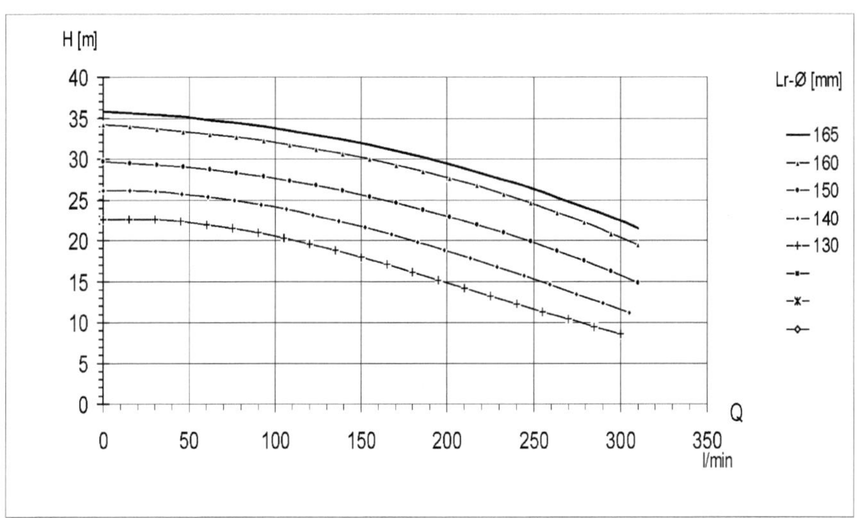

Diagramm 19: Betriebspunkt-Anpassung durch Abdrehen des Laufrades

Zwar lässt sich die Pumpe nicht stufenlos regeln wie mit einem Frequenzumrichter, aber durch eine mechanische, einmalige Maßnahme, kann der Betriebspunkt angepasst werden. Eine spätere, weitere Änderung würde bedeuten, das Laufrad weiter abzudrehen oder ein neues Laufrad einzubauen.

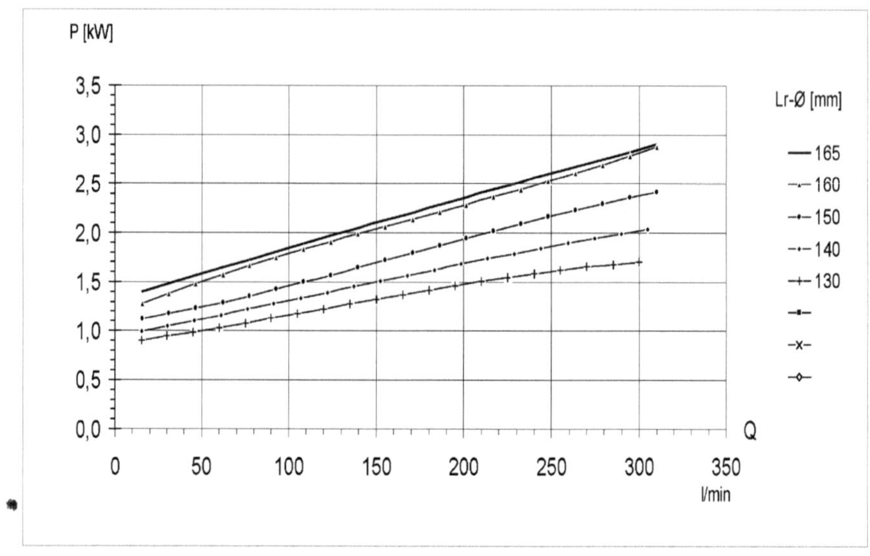

Diagramm 20: Motor- Leistungsaufnahme bei verschiedenen Laufrad-Durchmessern

Im obigen Diagramm ist die Leistungsaufnahme des Motors bei veränderten Laufrad-Durchmessern dargestellt. Mit zunehmendem Fördervolumen erhöht sich der Energieeinspar-Effekt durch den verkleinerten Laufrad-Durchmesser. Wie bereits im vorigen Kapitel beschrieben, ist auch solch eine Anpassung für die Pumpe schonender als eine Drosselregelung.

4.1.3.3. Anpassung durch veränderte Viskosität

Soll eine Pumpe für Öl oder dem Öl ähnliche Medien eingesetzt werden, muss die veränderte Viskosität berücksichtigt werden. Zum Schutz vor Verschleiß oder sogar Zerstörung der Pumpe sind die anderen Betriebsbedingungen bei Öl zu beachten. Betriebspunkt und Anlagenkennlinie für Öl sehen anders aus als bei Wasser.

Die höhere Viskosität von Öl gegenüber Wasser ergibt eine steilere Drosselkurve und auch eine steilere Anlagenkennlinie.

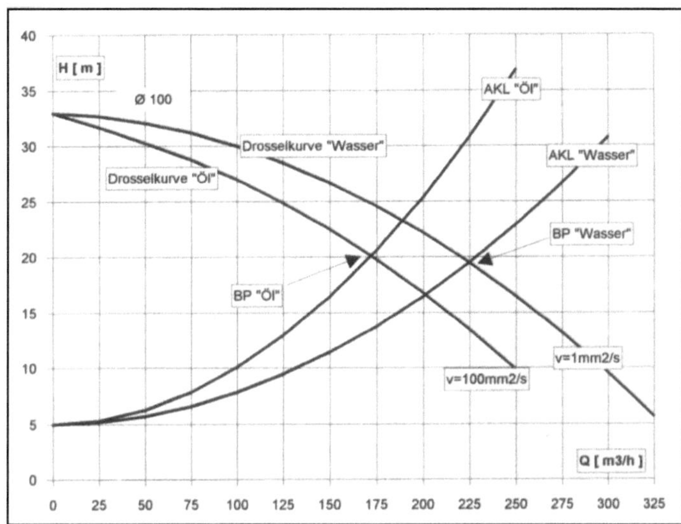

Diagramm 21: Vergleich der Kennlinien für Wasser und Öl

Der Betriebspunkt verlagert sich auf den Schnittpunkt der Drosselkurve für Öl mit der Anlagenkennlinie für Öl.

Die Veränderungen gegenüber Wasser oder wasserähnlichen Medien können folgendermaßen zusammengefasst werden:

- Viskosität: höher
- Nullförderhöhe: bleibt gleich
- Wirkungsgrad: verschlechtert sich
- Leistungsbedarf: erhöht sich
- Umrechnung: ist pauschal nicht möglich

Die Ursachen für den erhöhten Leistungsbedarf ergeben sich aus einer erhöhten Reibung in der Pumpe, den Rohrleitungen und Armaturen.

Die Umrechnung erfolgt nach der Formel:

$$H = \frac{p}{\rho \cdot g}$$

wobei:

H	=	*Förderhöhe [m]*
p	=	*absoluter Druck [Pa]*
ρ	=	*spezifische Dichte des Fördermediums [kg/m³]*
g	=	*örtliche Fallbeschleunigung [m/s²]*

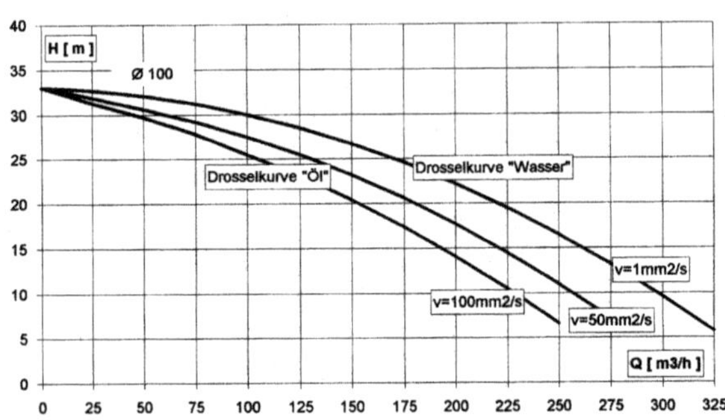

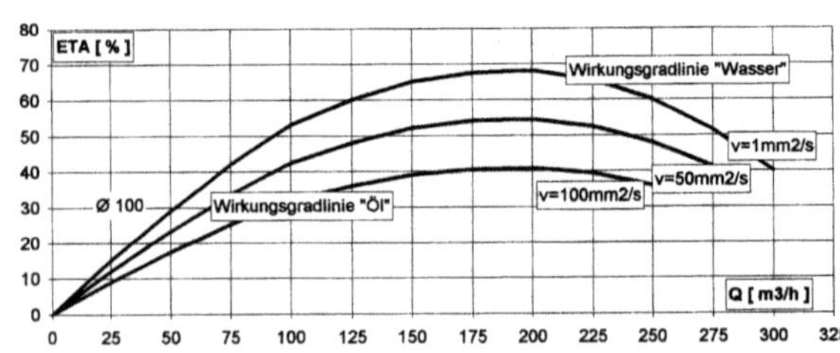

Diagramm 22: Vergleich der Förderhöhen und Wirkungsgrade für Wasser und Öl

Wie aus obigem Diagramm ersichtlich, ist sowohl die Förderhöhe (Drosselkurve) als auch der Wirkungsgrad der Pumpe bei Wasser höher als bei Öl. Der Unterschied kann nicht mittels eines Faktors herunterskaliert werden, sondern muss im Einzelfall berechnet werden (siehe obige Formel). In jedem Fall benötigt man bei denselben Förderbedingungen aber einem anderen Medium wie beispielsweise Öl, eine andere Pumpe, da das Öl eine andere Viskosität hat als Wasser. Bei Öl bedeutet das eine größere Pumpe.

4.2. Ursachen für Kavitation

Die Ursachen für Kavitation sind örtliche Druckabsenkungen, verursacht durch Übergeschwindigkeiten oder Schwingungen, sie kann aber auch durch globale

Druckabsenkungen infolge von verringerter Atmosphäre oder vergrößerter Saughöhe bzw. verkleinerte Zulaufhöhe und Reibung entstehen. Anzeichen dafür sind wachsende Geräusche und Vibration der Pumpe und des Fundaments. Bei Teillast kann das Laufrad am Eintritt geschädigt werden, bei Überlast am Austritt.

4.2.1. Schäden infolge von Kavitation

Wird in der strömenden Flüssigkeit der Siededruck erreicht oder unterschritten, entsteht Kavitation (lat. Cavus = Hohlraum). Auch als Hohlsog bezeichnet, bewirkt die Kavitation durch örtliche Druckabsenkung im System eine Verdampfung des Fördermediums. Dies geschieht bei Übergeschwindigkeit.

Es bilden sich Dampfblasen, die in der strömenden Flüssigkeit mitgerissen werden. In Bereichen höheren Drucks als des Verdampfungs-/Siededrucks, kondensieren sie wieder und fallen in sich zusammen. Die Dampfblasen fallen schlagartig, mit Schallgeschwindigkeit und mit hoher Geräuschentwicklung in sich zusammen, sie „implodieren". Lokal entstehen hierbei Druckstöße bis über 1 000 bar. Bei dieser Implosion entsteht im Flüssigkeitsstrahl mit hoher Geschwindigkeit ein „Mikro-Jet", der im Innern der Pumpe bzw. des Systems zu kraterförmigen Materialabtragungen führt.

Bild 51: Laufrad mit „Kavitations-Kratern auf der Schaufeloberfläche

Auch Wandrauigkeiten können Verdampfungskeime entstehen lassen, die Kavitation auslösen. Bei längerem Kavitationsbetrieb tritt Verschleiß auch an Lagern und Gleitringdichtung auf.

Bild 52: neuwertiges Bronze-Laufrad

Bild 53: geschädigtes Laufrad

Das geschädigte Laufrad in Bild 53 wurde durch Überlagerung von chemischem Einfluss, Abrasion und Kavitation zerstört.

4.2.2. Kavitationsarten

Die in Pumpen hauptsächlich auftretenden Kavitationsarten sind Schichtkavitation und Wolkenkavitation.

4.2.2.1. Schichtkavitation

Die Schichtkavitation ist gekennzeichnet durch ein großes zusammenhängendes Dampfgebiet. Durch eine erhöhte Anströmgeschwindigkeit tritt an der Vorderkante der Laufradschaufel eine Ablösung des Flüssigkeitsstroms auf. Dieses Phänomen führt nach kurzer Zeit zu einer vollständigen Ablösung der Flüssigkeitsströmung von der Profiloberfläche der Laufradschaufeln. Die Folge ist ein starker Wirkungs-gradabfall.

4.2.2.2. Wolkenkavitation

Diese Art von Kavitation ist die bei Kreiselpumpen am häufigsten auftretende Art, die Kavitationserosion bewirkt. Sobald nach dem Auftreten der Schichtkavitation eine weitere Erhöhung der Strömungsgeschwindigkeit erfolgt, tritt ein Übergang von stationärer zu instationärer Schichtkavitation ein.

Im hinteren Bereich der Laufradschaufeln bricht das Dampfgebiet auf und führt zur Entstehung von Blasenwolken. Die Anhäufung von sehr kleinen Blasen im Größenbereich von 10-20 µm, wird Wolkenkavitation genannt. Die wieder implodierenden Dampfblasen führen dann zu dem schädigenden Materialabtrag an Laufrad und Spiralgehäuse.

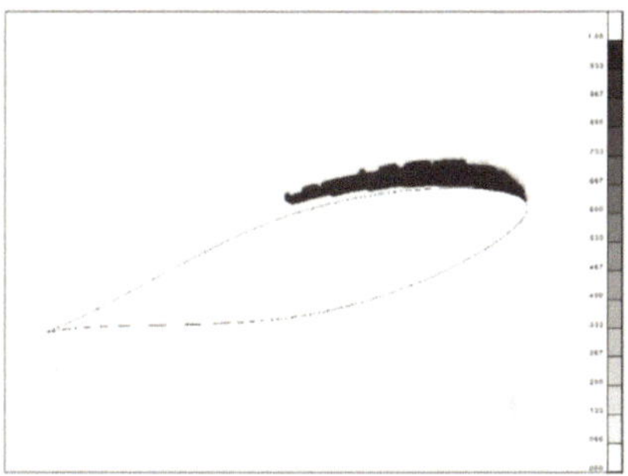

Experiment Simulation

Bild 54: Wolkenkavitation an einem Tragflügel [55]

4.2.3. Kavitation und NPSH-Wert

Der NPSH-Wert der Pumpe umschreibt die Haltedruckhöhe der Pumpe, bezogen auf die Pumpenmitte. Übersetzt bedeutet NPSH = **N**et **P**ositive **S**uction **H**ead. Diese Nettosaughöhe klassifiziert das Saugverhalten der Pumpe.

Der erforderliche NPSH-Wert einer Pumpe gibt an, um wieviel die gesamte Druckhöhe in der Bezugsebene für den NPSH-Wert mindestens über der Dampfdruckhöhe der Förderflüssigkeit liegen muss, um ein einwandfreies Arbeiten der Pumpe zu gewährleisten.

Der vorhandene NPSH-Wert der Anlage muss in jedem Fall größer sein als der NPSH-Wert der Pumpe. Aus Sicherheitsgründen ergibt sich eine empfohlene Reserve von 0,5 m, was bedeutet, dass

$$NPSH_{Anlage} >= NPSH_{Pumpe} + 0{,}5\text{ m sein muss.}$$

$NPSH_{Anlage}$ = Haltedruckhöhe der Anlage
$NPSH_{Pumpe}$ = Haltedruckhöhe der Pumpe

Der NPSH-Wert hat die Einheit m.

Diese Haltedruckhöhe der Pumpe ist die im Laufradsaugstutzen vorhandene und auch erforderliche Mindestzulaufhöhe die notwendig ist, damit keine Kavitation auftritt.

Die NPSH-Kennlinie einer Pumpe kann auf dem Pumpenprüfstand gemessen werden. Der Prüfstand arbeitet mit einem geschlossenen Kreislauf. Das Absenken des Systemdrucks erfolgt mit einer Vakuum-Pumpe.

Die Berechnung erfolgt nach der Formel:

$$\text{NPSH} = \frac{p_1 + p_{amb} - p_v}{\rho \cdot g} + \frac{v_1^2}{2 \cdot g} \pm z_s$$

wobei:

p1	=	*Druck im Eintrittsquerschnitt der Anlage*
pamb	=	*Luftdruck*
p_v	=	*Dampfdruck des Fördermediums*
v1 =		*Durchflussgeschwindigkeit im Eintrittsquerschnitt der Anlage*
z_s	=	*geodätische Höhe bezogen auf das Bezugsniveau*
ρ	=	*Dichte des Fördermediums*
g	=	*örtliche Fallbeschleunigung*

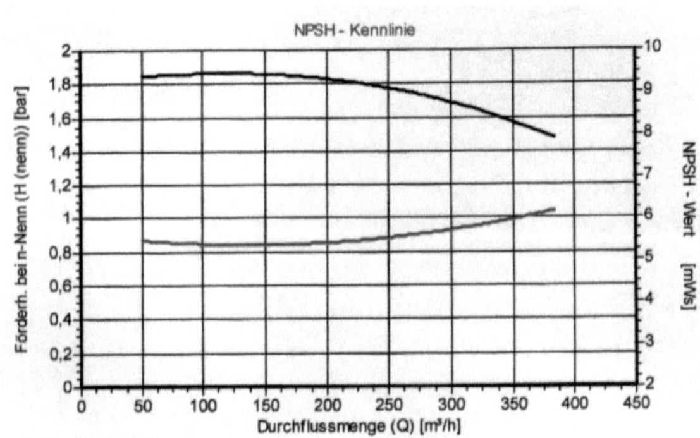

Diagramm 23: NPSH-Kennlinie, am Prüfstand gemessen

4.2.4. Kavitationsvermeidung

Niedrige Drücke sollten vermieden werden, insofern dass der Dampfdruck auch bei Druckschwankungen nie unterschritten werden kann. Eine vergrößerte Saughöhe oder eine verkleinerte Zulaufhöhe muss ebenfalls vermieden werden.

Die Materialauswahl beeinflusst die Gefahr der Kavitationserosion, also den möglichen Materialabtrag erheblich. So ist Grauguss dabei viel empfindlicher als hochwertiger Edelstahlguss oder Al-Bronze. Oberflächenvergütungen, Beschichtung-en oder Auftragsschweißungen wirken sich sehr positiv auf die Widerstandsfähigkeit gegen Kavitationserosion aus.

Weitere Maßnahmen helfen, Kavitationsschäden zu verringern oder ganz zu vermeiden:

- möglichst niedrige Drehzahl der Pumpe wählen
- den Förderstrom auf mehrere Pumpen verteilen
- Einbau eines Vorschaltlaufrades (s. a. Kap. 5.5.2., Inducer)
- Flüssigkeitstemperatur so gering wie möglich halten (Dampfdruck beachten)
- Auswahl von Krümmern und Armaturen mit kleinen Widerstandsbeiwerten
- Gezielte Materialauswahl, vor allem bei korrosivem Wasser
- Auswahl von kurzen Saugleitungen mit möglichst großem Querschnitt

4.3. Trockenlaufschutz

Bekannterweise führt Trockenlauf bei Gleitringdichtungen aufgrund mangelnder Schmierung nahezu sofort zur Zerstörung. Neben Systemen zur Zustandsüber-wachung existieren Systeme, bei denen eine Sperrflüssigkeit für Schmierung sorgt und somit den Trockenlauf verhindert.

4.3.1. Sperrkammersysteme

Bei Systemen ohne Sperrdruck werden die Gleitringdichtungen drucklos mit Sperrflüssigkeit beaufschlagt. Die Gleitringdichtungen befinden sich in einem Sperrbehälter, der mit Sperrflüssigkeit gefüllt ist. Die Sperrflüssigkeit sorgt für Schmierung und Kühlung und verhindert somit den Trockenlauf.

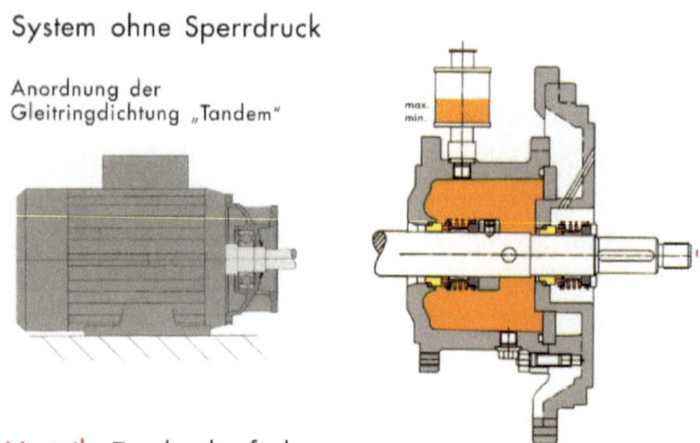

Bild 55: Trockenlaufschutzsystem mit Sperrkammer ohne Sperrdruck

Bei Bedarf wird die Flüssigkeit in der Sperrkammer nachgefüllt.

Bei Systemen mit Sperrdruck befindet sich die Gleitringdichtung in der Sperrkammer, die druckbeaufschlagt ist.

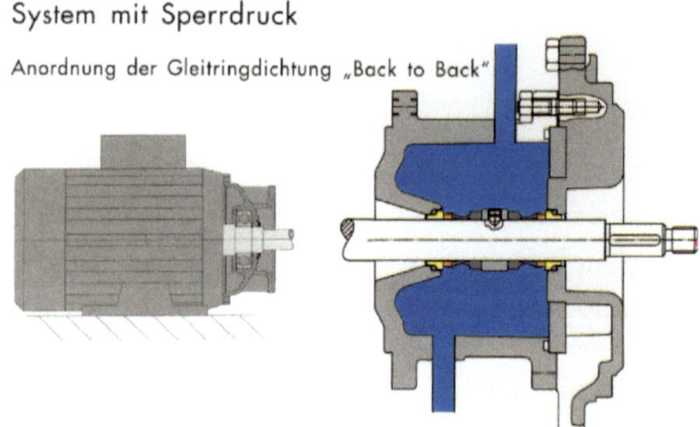

Bild 56: Trockenlaufschutzsystem mit Sperrkammer und mit Sperrdruck

Die zirkulierende Sperrflüssigkeit steht unter Überdruck und verhindert das Eindringen von Schmutzpartikeln. Dieses System bietet somit einen Trockenlauf- und einen Verschleißschutz.

4.3.2. Pump control

Dieses System bietet einen Trockenlaufschutz, indem die Stromwerte überwacht werden. Sobald bei Trockenlauf der Stromwert abfällt, schaltet die Pumpe ab. Das System hat noch einige weitere Funktionen, die in den folgenden Abschnitten näher beschrieben werden.

Bild 57: Trockenlaufschutz-system Pump control überwacht die elektrische Stromaufnahme

4.4. Condition Monitoring Systeme (CMS)

Solche Systeme zur elektronischen Zustandsüberwachung ermöglichen es, dem Verschleiß vorzubeugen und helfen, die Lebenszykluskosten durch Störungs-früherkennung zu reduzieren. Durch Verschleiß oder falsche Anwendung kommt es zum Ausfall oder zur Zerstörung der Pumpen. Nicht sachgerechter Einsatz, falscher Anschluss, oder falsche Materialauswahl sind häufige Ursachen für den Ausfall der Pumpen. Defekte Gleitringdichtungen oder Kugellager sind die häufigsten Reklamationsursachen. Schätzungsweise 30 % der Reklamationen treten in den ersten Wochen nach der Inbetriebnahme auf. Elektronische Überwachungssysteme für Pumpen ermöglichen eine genaue Feststellung von Verschleiß und Schadensursachen. Es kann der Nachweis geliefert werden, warum und wann eine Pumpe kaputt geht.

Wann sind CMS-Systeme aber besonders sinnvoll? Bei Anwendungen für kritische Flüssigkeiten und Betriebszustände: z.B. Flüssigkeiten mit hohem Feststoff-Anteil, Kochsalzlösungen, Chemikalien, kritische Verfahrensprozesse, oder Pumpentrockenlauf über einen längeren Zeitraum. Sie bieten Schutz vor plötzlichen Ausfällen, erhöhen die Betriebssicherheit, ermöglichen die Einsparung einer Reservepumpe und tragen zur Kosteneinsparung bei.

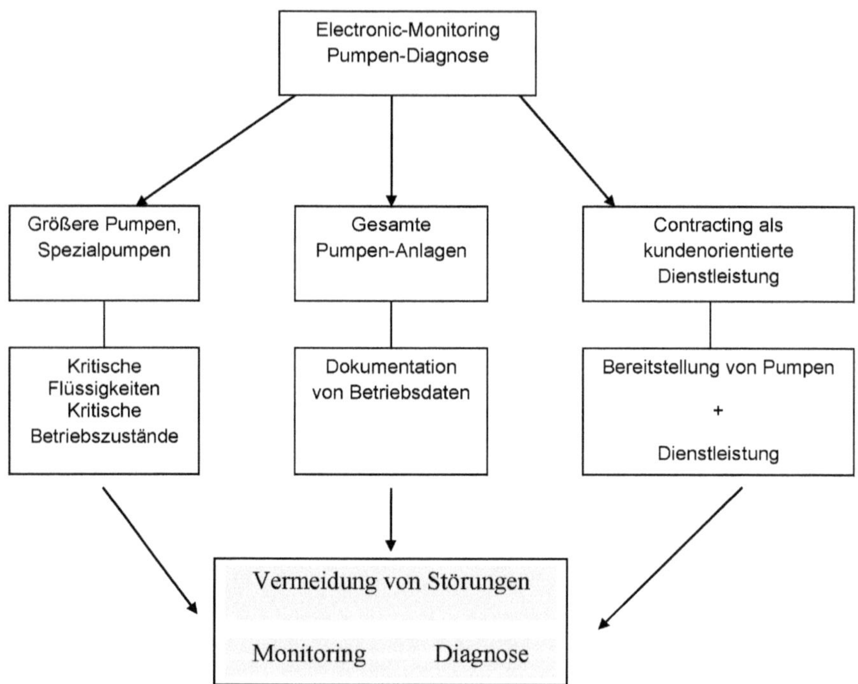

Grafik 1: Zustandsüberwachung von Pumpen und Anlagen

Durch das elektronische Überwachungssystem kann weitgehend gewährleistet werden, dass die Pumpen im vorgesehenen Betriebszustand betrieben und Störungen rechtzeitig erkannt und behoben werden. Vor allem bei komplexeren Pumpen-Anlagen und Spezialpumpen ist eine Überwachung sinnvoll:

- Überwachungsnachweis, warum und wann eine Pumpe kaputt geht.
- Messung von Strom, Spannung, Anschlussart, Temperatur, Druck,
- Volumenstrom, Betriebsstunden und Gasgehalt.

- Messung des Luftanteils (z.B. Abschaltung bei Luftansaugung der Pumpen).
- Anzeige einer Störmeldung, Warn-Meldung bei Verschleiß, Leucht- oder Akustik- Signal.
- Beispiele für Schadensanzeige: Lagerschaden, Kavitation, Leckage, Förderdruck zu hoch /zu gering, Druckseite geschlossen, Saugseite geschlossen.
- Überwachung mehrerer Pumpen (5, 10, 20, o. ä.) über PC, evtl. als Dienstleistung.

Die Anwendung der Systeme zur Zustandsüberwachung (condition monitoring system /CMS) beinhaltet aber mehr als nur ein Überwachungssystem. Dieses Konzept beginnt bereits bei der Schadensvermeidung. In der nächsten Stufe steht die Erkennung des Fehlers im Mittelpunkt. Schlussendlich wird durch Fehler-management der Fehler bzw. Schaden bewertet um Folgeschäden zu vermeiden.

Auch Fern-Diagnosen mittels Modem sind möglich.

4.4.1. Fehlervermeidung

Eine gute Planung der Pumpenanlage hilft schon vorbeugend, Schäden zu vermeiden. Das bedeutet, dass jede Komponente des Systems wie auch die Pumpe selbst exakt ausgelegt sein muss. Wurde eine genaue Gesamtbetrachtung des Systems durchgeführt, ist die Wahrscheinlichkeit gering, dass ein unvorhergesehener Fehler auftritt.

Vorhersehbare Fehler, wie beispielsweise durch Abnutzungserscheinungen hervor-gerufene Reparaturen sind bei dieser Betrachtungsweise eingeplant. Durch die Installation von Überlast-Schutzeinrichtungen lässt sich der Schaden unmittelbar vor Eintritt vermeiden.

4.4.2. Fehlererkennung

Auch bei guter Planung können Störungen nicht vollständig ausgeschlossen werden. Um angemessen „regeln“ zu können, wird das System mit Hilfe von Sensoren überwacht. Veränderungen von Druck, Temperatur, Schwingungen, Volumenstrom und Drehmoment geben bei Messungen Aufschluss über einen sich anbahnenden Schaden.

4.4.3. Fehlermanagement

Um wiederkehrende Störungen sofort zu erkennen und Folgeschäden zu vermeiden, dient das Fehlermanagement.

Dazu zählt, dass Fehler nach der Erkennung bewertet und entsprechend einer festzulegenden Klassifizierungsvorschrift in einer Matrix dokumentiert werden.

Die genaue Analyse der Ursachen hilft, den Fehler gezielt zu beheben und durch Einleitung von vorausschauenden Maßnahmen Folgeschäden zu vermeiden.

4.4.4. Pump control 8

Bei diesem System handelt es sich um eine Weiterentwicklung des unter Kapitel 4.3.2. beschriebenen Systems „pump control". Die Elektronik zur Datenerfassung der Betriebsparameter befindet sich im Klemmenkasten (Schutzart IP 55). Über ein RS 485-Schnittstellenkabel werden die Daten an eine zentrale Interface-Einheit übertragen. Pro Einheit werden 8 Pumpen erfasst. Das System ist erweiterbar, beispielsweise auf 20 Pumpen. Über einen Service-Adapter (RS 232) werden die Daten an den zentralen Leitstand bzw. Service-PC übertragen.

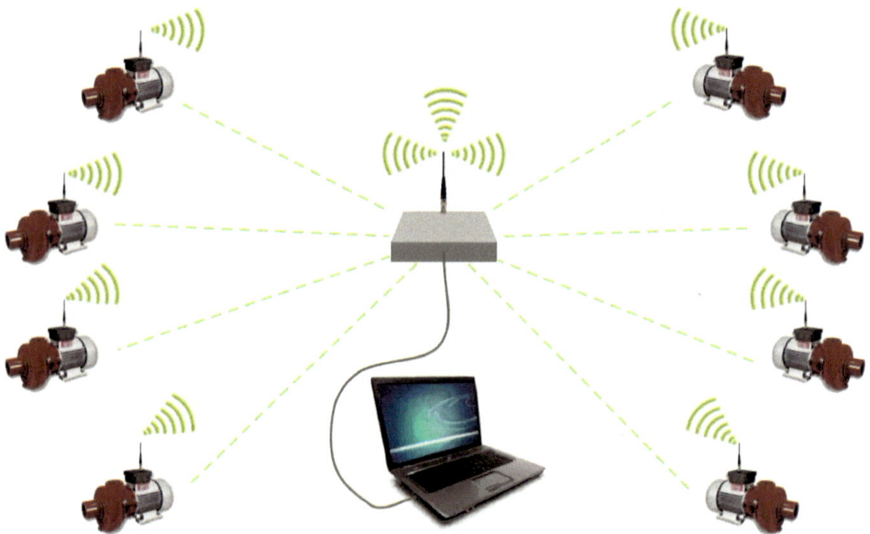

Grafik 2: Monitoring-System pump control 8 überwacht 8 Pumpen

Dabei werden folgende Betriebsparameter erfasst:

<table>
<tr>
<td>

- Betriebsstunden
- Anzahl der Trockenläufe
- Anzahl der Motorüberlastungen
- Anzahl der Netzeinschaltungen
- Druck
- Volumenstrom
- Strom/Spannung
- Drehrichtung
- Phasenausfall

</td>
<td>

</td>
</tr>
</table>

Bild 58: Überwachungssystem pump control wird anstelle des Klemmenkastens auf die Pumpe montiert.

Die Überwachungs-Parameter sind Strom und Temperatur.

Dabei werden Menügeführt die Sollwerte und die zulässigen Grenzwerte pro zu überwachende Pumpe einprogrammiert. In Tabellenform werden auf dem Bildschirm die aktuellen Zustandsdaten angezeigt, ebenso die Diagnose und Fehleranzeige. Über den entsprechenden Button kann die jeweilige Pumpe über das PC-Programm ein- und ausgeschaltet werden. Über dieselbe Schnittstellenverbindung (bi-direktional) lassen sich auch die Soll- und Grenzwerte einstellen, die eine Störungsmeldung bzw. ein Abschalten der Pumpe bewirken. Befinden sich die Pumpen in einem ordnungsgemäßen Zustand, wird dies angezeigt. Ebenso wird eine Störung visuell auf dem Bildschirm angezeigt.

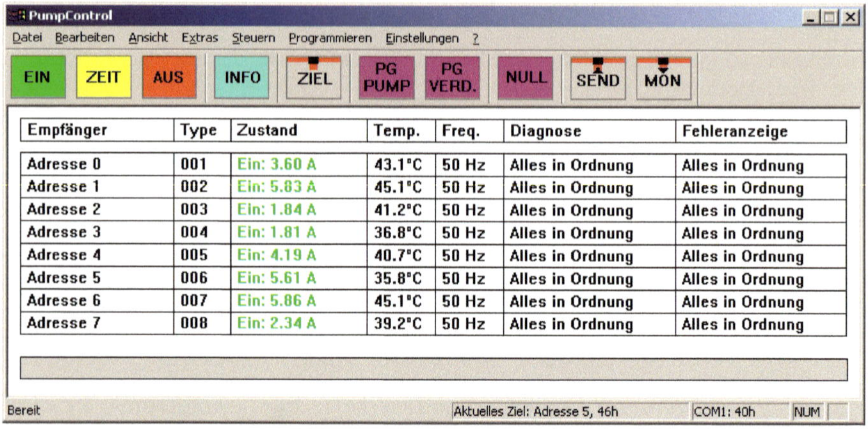

PumpControl
Datei Bearbeiten Ansicht Extras Steuern Programmieren Einstellungen ?
EIN
ZEIT
AUS
INFO
ZIEL
PG PUMP
PG VERD.
NULL
SEND
MON
Bereit
Aktuelles Ziel: Adresse 5, 46h
COM1: 40h
NUM

Empfänger	Type	Zustand	Temp.	Freq.	Diagnose	Fehleranzeige
Adresse 0	001	Ein: 3.60 A	43.1°C	50 Hz	Alles in Ordnung	Alles in Ordnung
Adresse 1	002	Ein: 5.83 A	45.1°C	50 Hz	Alles in Ordnung	Alles in Ordnung
Adresse 2	003	Ein: 1.84 A	41.2°C	50 Hz	Alles in Ordnung	Alles in Ordnung
Adresse 3	004	Ein: 1.81 A	36.8°C	50 Hz	Alles in Ordnung	Alles in Ordnung
Adresse 4	005	Ein: 4.19 A	40.7°C	50 Hz	Alles in Ordnung	Alles in Ordnung
Adresse 5	006	Ein: 5.61 A	35.8°C	50 Hz	Alles in Ordnung	Alles in Ordnung
Adresse 6	007	Ein: 5.86 A	45.1°C	50 Hz	Alles in Ordnung	Alles in Ordnung
Adresse 7	008	Ein: 2.34 A	39.2°C	50 Hz	Alles in Ordnung	Alles in Ordnung

Bild 59: Benutzeroberfläche mit Zustandsdiagnose

Die Überwachung kann am PC in der Produktionshalle erfolgen, ist aber auch als Fernwartung realisierbar.

Netz
50/60 Hz
Drehstrom
400V/230,3~
230V/1~
Data Collector box
Adapter
RS 232
Modem
Modem
PC
Legende:
Messleitungen
Netzkabel
Funkantenne
Telefon/ISDN-
Vebindung

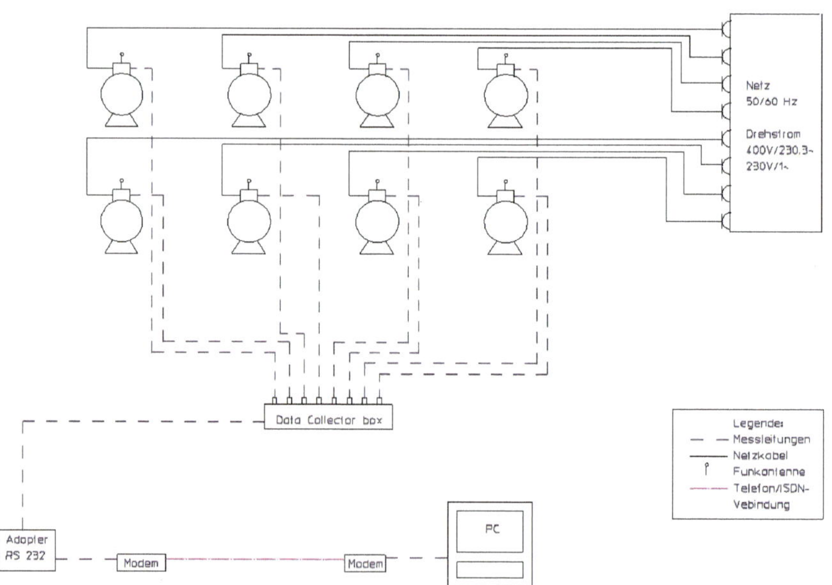

Grafik 3: Schaltplan pump control 8 mit Fernwartung

4.4.5. Pump monitoring

Hierbei handelt es sich um ein Diagnose-System, das mit Hilfe der Schwingungs-analyse die Ermittlung einer Störung oder eines Schadens ermöglicht.

Jeder Pumpentyp hat ein für sich typisches Schwingungsverhalten. Diese Schwingungen ändern sich bei unterschiedlichen Betriebszuständen (Kavitation, Trockenlauf, geschlossener Schieber, etc.) aber auch bei Defekten an der Pumpe wie beispielsweise Gleitringdichtung.

So kann unter zu Hilfenahme der Drehzahl ein eindeutiger „Schwingungs-Fingerabdruck" für jede Pumpe erstellt werden. Dadurch wird eine zuverlässige Aussage über den Allgemeinzustand der Pumpe möglich.

Die Überwachungs-Parameter sind hier Schwingung und Temperatur. Zur Schwingungsmessung wird ein Körperschallsensor, zur Drehzahlmessung ein Drehzahlsensor (Lasersensor) eingesetzt. Die Messgröße bei der Schwingungs-messung ist die Beschleunigung und wird in g gemessen (9,81 m/s^2).

Dieses System ist ein selbstlernendes System. Bei der Erstinbetriebnahme werden die Istwerte der zu überwachenden Pumpen ermittelt und abgespeichert. Für jede Pumpe wird eine Charakteristik erstellt, Störungen werden simuliert bzw. eingestellt. Es wird ein Sollbereich der Parameter (grüner Bereich) und ein Störungsbereich (roter Bereich) definiert, so dass später beim Auftreten der Störung das System sofort den Zustand, d. h. die Art und Dimension erkennt.

Durch ein Signal Normalzustand (grün) oder Störung (rot) kann ein Service-Mitarbeiter sofort erkennen, welche Pumpe sich in welchem Zustand befindet.

Das Programm gliedert sich in die folgenden Bereiche:

- Pumpen-Verwaltung
- Setup Messkanäle
- Setup Grafik
- Messungen Starten
- Messungen Speichern
- Messungen Laden

Die Benutzeroberfläche auf dem Leitstand–PC mit online-Diagrammen gestaltet sich folgendermaßen:

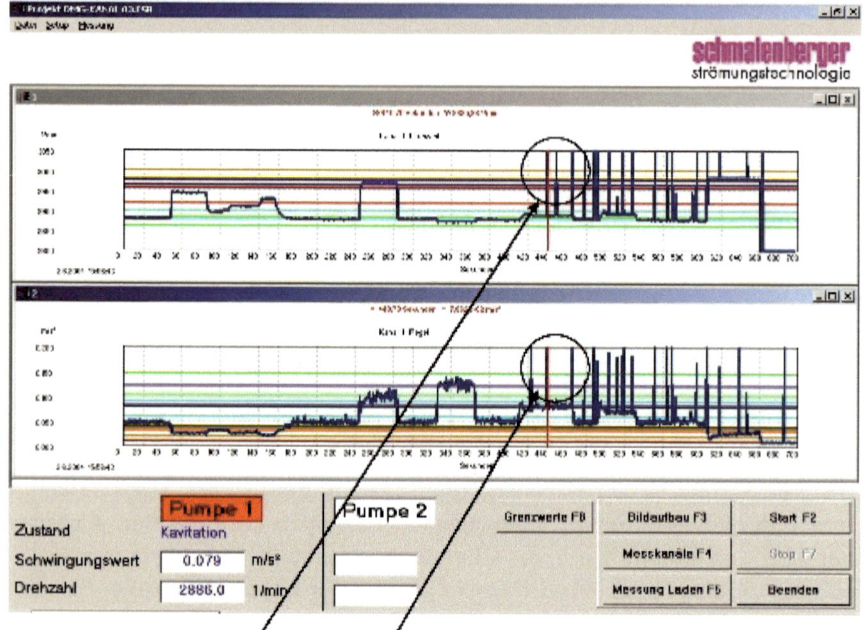

Bei Kavitation sind Drehzahl und Schwingung stark erhöht.

Bild 60: Benutzeroberfläche mit Online-Diagramm

Neben Drehzahl und Schwingungswert wird als Klartextmeldung „Kavitation" als Störungsart angezeigt.

Im Folgenden sind die verschiedenen Messungen sowie die Auswertungen in Diagrammform dargestellt.

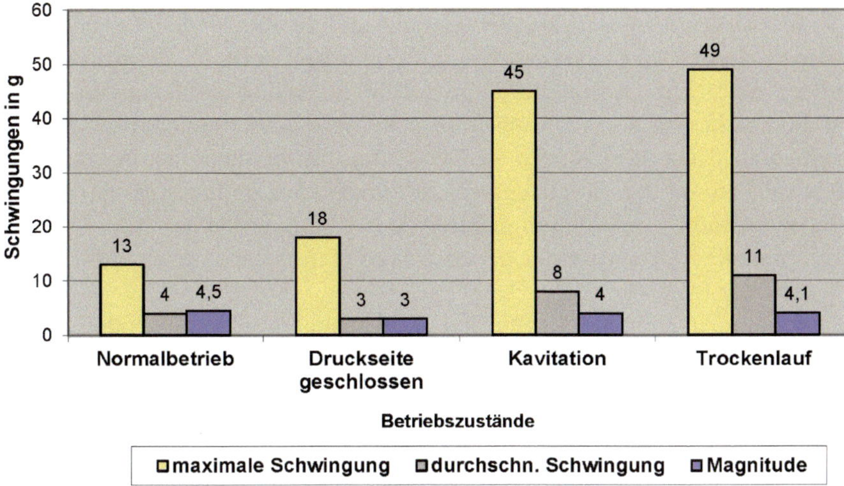

Diagramm 24: Schwingungsvergleich bei unterschiedlichen Betriebszuständen

Im obigen Diagramm sind die Körperschallschwingungen als Maximalwert und als Durchschnittswert dargestellt. Die Körperschallschwingungen werden in g gemessen, der höchste Wert liegt hier bei 49 g, im Betriebszustand Trockenlauf. Die Maximalwerte müssen nicht häufig vorkommen, es kann sein, dass der Peak nur einmal in der gesamten Messung aufgetreten ist.

Die Magnitude ist der Mittelwert der Fourier-Analyse, einer mathematischen Methode, Schwingungen zu analysieren. Mit ihrer Hilfe wird die Amplitude jeder Frequenz angezeigt.

4.4.6. Contracting

Pumpenanlagen nach dem Contracting-Modell zu betreiben beinhaltet, dass der Vertragspartner, der „Contractor", die Anlage bzw. die Pumpen betreibt und für einen störungsfreien Betrieb sorgt.

Das Modell basiert auf der Idee des schottischen Erfinders James Watt (1736-1819), der damals schon als Dienstleistung den Betrieb einer Dampfmaschine anbot. Installation der Maschine und Kundendienst für 5 Jahre.

Contracting beim Betrieb von Pumpen oder Pumpensystemen bedeutet die Bereitstellung der Pumpen durch die Dienstleistungsfirma einschließlich regelmäßiger Wartung, Reparatur und Austausch der Pumpen.

Somit werden die Pumpen nicht gekauft, sondern ähnlich dem Leasing-Verfahren gegen eine jährliche Contracting-Gebühr bereitgestellt. Der Anlagenbetreiber spart sich die Kosten für die Investition, Wartung und Reparatur sowie evtl. Energiekosten. Die vertraglich über mehrere Jahre vereinbarte Contracting-Gebühr deckt diese Kosten ab. Der Vorteil für den Betreiber der Pumpen ergibt sich daraus, dass er letztendlich „störungsfreien, optimierten Betrieb der Pumpen einkauft" und sich um nichts Weiteres kümmern muss. Alles Weitere übernimmt der Vertragspartner, der eben auf diesen störungsfreien Betrieb spezialisiert ist.

Hier kommen dann die Systeme zur Zustandsüberwachung (Condition Monitoring) zum Einsatz. Denn auch der Contractor hat großes Interesse daran, dass die Pumpen einerseits störungsfrei laufen, aber auch wenig Reparaturen anfallen und der Energieverbrauch optimiert ist. Der Anlagenbetreiber spart sich Fachpersonal ein, das eben der Contractor bereitstellt.

Hierbei bietet sich die Möglichkeit der Fernwartung an. Der Service-Mitarbeiter des Contractors überwacht extern per Modem die Anlagen des Kunden von seinem Büro aus. Über Service-Vertrag geregelt, kann dann bei Bedarf die Reparatur sehr genau geplant werden, bevor der Service-Mitarbeiter zum Kunden fährt.

Vorteile für den Betreiber der Anlage im Einzelnen:

- alles aus einer Hand
- Bereitstellung von betriebsbereiten Pumpen
- zuverlässiger Pumpenbetrieb, Erhöhung der Betriebssicherheit
- Früherkennung kritischer Betriebszustände
- Verschleiß- und Lebensdauerprognose
- Reparatur, bzw. Austausch der Pumpen vor dem Schadensfall
- dadurch weniger Produktionsausfall oder unvorhersehbare Kosten
- schnelle Störungsbehebung
- Fernüberwachung
- „Investition ohne Geld" (Eigentümer muss nicht selbst investieren)

Durch die spezialisierte Arbeitsweise des Contractors bietet sich für den Pumpen-betreiber die Möglichkeit, sich auf sein Kerngeschäft, den Betrieb oder die Produktion mit den Pumpenanlagen zu konzentrieren und sich zu entlasten von Erstellung und Überwachung der Wartungspläne, langwierigen Schadensanalysen und Reparaturen. Produktionsausfall sollte dann zur Seltenheit werden.

4.5. Strömungsoptimierung

Nach dem Energie-Erhaltungssatz von Bernoulli geht auch in der Strömung keine Energie verloren. Die Summe aller Energien ist in jedem Punkt im System konstant. Jedoch kann Reibungsenergie im Rohrsystem und in der Pumpe systembedingt einen bemerkenswerten Anteil ausmachen, was letztendlich zu erheblichen Strömungsverlusten führen kann. Die Einflussparameter, die die Höhe des Druckverlustes direkt beeinflussen sind:

- Querschnitt des Rohres
- Länge der Rohrleitung
- Innen-Rauigkeit des Rohres
- Viskosität und Dichte des Fördermediums
- Strömungsart (laminar und turbulent)

Die laminare Strömung, auch als Schichtströmung bekannt, bringt vergleichsweise wenig Druckverlust und tritt vor allem auch in geraden Rohrleitungen auf. Bei sehr rauen Innenwänden der Rohre und erhöhter Strömungsgeschwindigkeit wird aus der laminaren, die mehr verlustbehaftete turbulente Strömung. Sie tritt vor allem in Einbauten, wie Absperrschiebern, Ventilen, Rohrverengungen oder -erweiterungen auf. Bereiche im System, die turbulente Strömung erzeugen, sollten demnach möglichst vermieden werden.

Die Verluste in der Pumpe lassen sich zusammenfassen bzw. treten an folgenden Stellen auf:

- Ansaugstutzen
- Eintrittskante des Laufrads
- Schaufelrückseiten
- Laufradrückseiten
- Druckstutzen

Das Laufrad sollte dementsprechend optimiert sein. Der Saugstutzen sollte immer größer sein als der Druckstutzen.

4.5.1. Verluste an Pumpenbauteilen

Rauigkeit an Oberflächen von Laufrad und Spiralgehäuse sollten ebenfalls vermieden werden, da sie nach der Grenzschicht-Theorie Wirbel erzeugt und somit durch eine turbulente Komponente der Strömung Verluste bewirkt. Weitere Optimierungsmöglichkeiten sind:

- Einsatz von reibungsarmen Kugellagern
- Reduzierung der Spaltverluste zwischen Laufrad und Spiralgehäuse
- Zusätzliche Glättung der Oberfläche von Laufrad und Spiralgehäuse

4.5.2. Verluste in Rohren, Elementen und Armaturen

Liegt eine laminare Rohrströmung vor, hält sich der Strömungsverlust im geraden Rohr in Grenzen.

Um aber die Strömungsverluste im Rohrleitungssystem zu minimieren, sollte ein ausreichend großer Rohrdurchmesser gewählt werden. Aber die Abhängigkeit der Strömungsverluste von der Art und Beschaffenheit von Rohren, Elementen und Armaturen muss besonders berücksichtigt werden. Insbesondere haben

- Kniestück
- 90 °- Bogen
- sprungartige Rohrverengung
- kantiger Einlauf
- Schieber
- Drossel-/Absperrventil

einen großen Einfluss auf die Strömungsverluste. Im Folgenden sind einige Kennwerte exemplarisch aufgeführt:

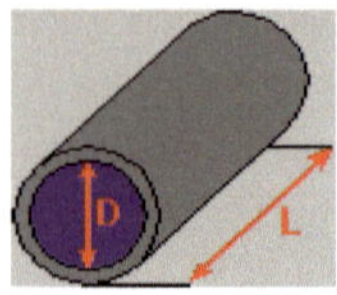

Randbedingungen: Turbulente Strömung bei Wasser, 48 m^3/h, Rauhigkeitswert: 0,1 mm

Bild 61: PVC-Rohr

Rohr, 30 m, PVC hart, DIN 19532	Druckverlust	Strömungsgeschwindigkeit
DN 80	**0,263 bar**	2,562 m/s
DN 100	0,095 bar	1,718 m/s
DN 150	**0,014 bar**	0,812 m/s

Tabelle 14: Druckverlust in Abhängigkeit von Strömungsgeschwindigkeit und Rohrdurchmesser

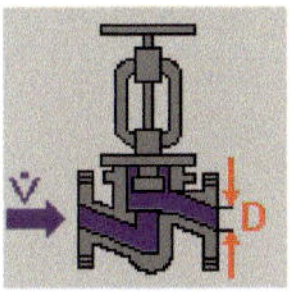	Geradsitzventil Druckverlust: **0,016 bar**
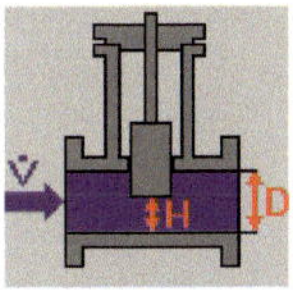	Schieber Druckverlust: **0,030 bar**
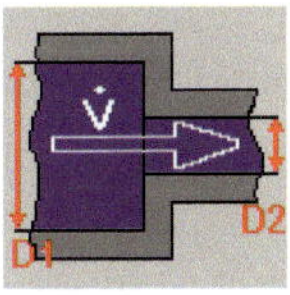 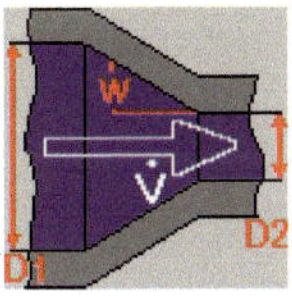	Sprungartige Rohrverengung von 80 mm auf 50 mm Druckverlust: **0,278 bar** Druckverlust: **0,206 bar**

Bild 62: Druckverlust bei DN 80 und einer Strömungsgeschwindigkeit von 2,562 m/s

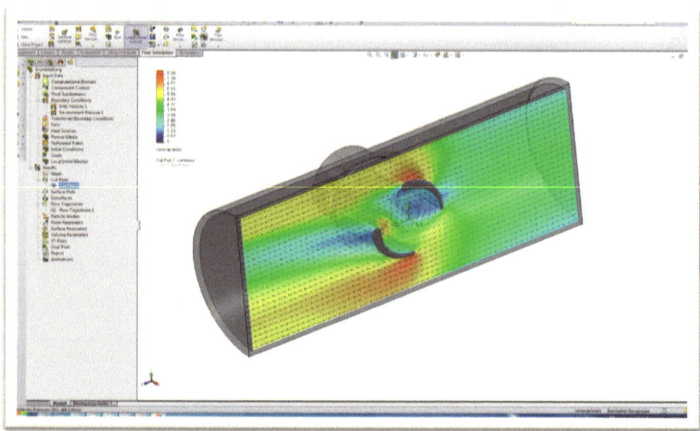

Bild 63: Strömungssimulation des Systems [40]

Zusammenfassend lässt sich sagen, dass jegliche Querschnitts- oder Richtungs-veränderung der Flüssigkeitsströmung Verluste verursacht.

Eine gezielte Auswahl der Komponenten hilft Verluste zu reduzieren und somit Energie und Kosten einzusparen.

4.5.3. Optimierung durch Strömungssimulation

Sowohl die Strömung des Fördermediums als auch die Schäden, die im Innern der Pumpe durch abrasive Medien entstehen, können durch Strömungssimulation vorausberechnet werden.

Um die Strömung des zu fördernden Mediums in Pumpe und System genauer analysieren zu können, kann durch entsprechende CFD-Software (CFD= Computational Fluid Dynamics) der Strömungsverlauf berechnet werden. Dazu müssen die genauen geometrischen Daten zur Pumpengeometrie und zum System, sowie die Strömungsdaten wie Volumenstrom, Druck etc. verfügbar sein. Zur Berechnung werden die Geometriedaten des Pumpensystems mit der Software aufbereitet. Anschließend erfolgt eine Vernetzung (Gitternetz) als Vorbereitung für die Berechnung der Strömung.

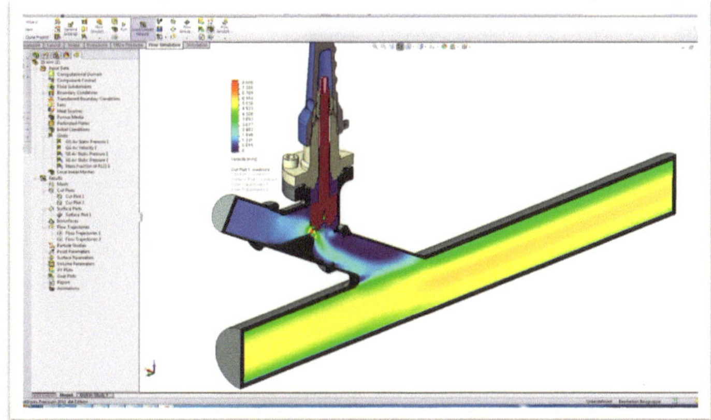

Bild 64: Druckverlust in Einbauten [40]

Die CAD-Daten werden direkt genutzt, um Material und Strömungshohlräume zu erfassen. Mit Hilfe eines mathematischen und physikalischen Models werden für laminare, turbulente und Übergangsströmungen die entsprechenden Modellierungen erstellt. Daraus lassen sich dann Betriebszustände simulieren.

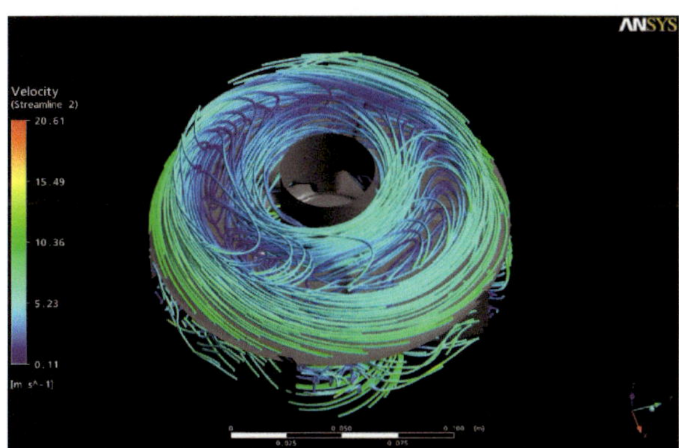

Bild 65: Stromfaden, Geschwindigkeitsverlauf

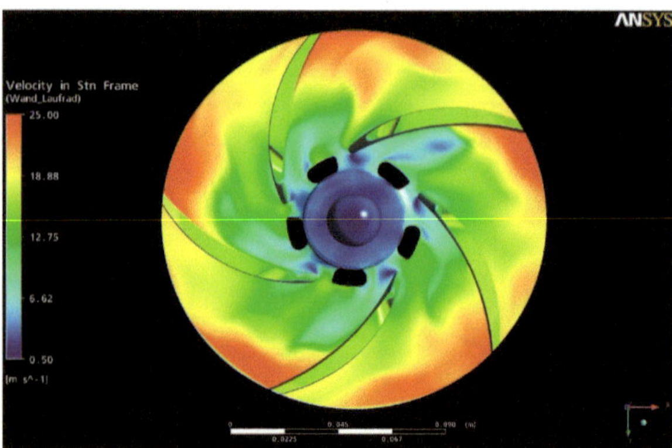

Bild 66: absolute Geschwindigkeit auf der Laufradoberfläche

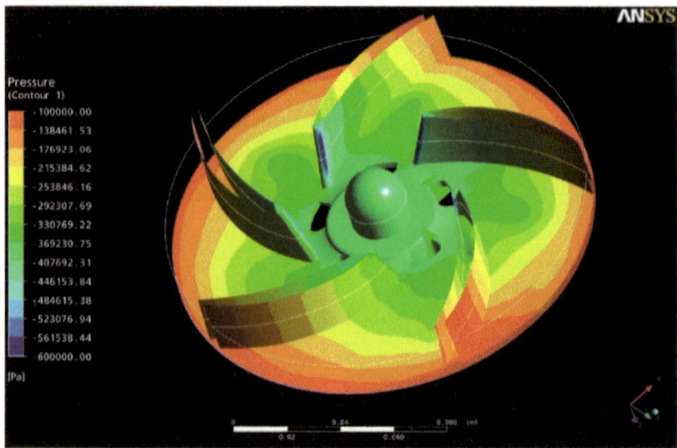

Bild 67: Druckverlauf innerhalb des Laufrades

Zur Abschätzung der Strömungsverhältnisse in Pumpe und System ist eine Strömungssimulation ratsam. Durch die Simulation unterschiedlicher Betriebs-zustände lässt sich die effizienteste Betriebsweise ermitteln. Auch die voraus-schauende Vorhersage von Schäden lässt sich durch Strömungssimulation sehr gut abbilden.

4.5.4. Strömungs- und Verschleißsimulation

Zur Erfassung der erosiven Belastung der Bauteiloberflächen können numerische Strömungssimulationen (CFD-Simulationen) durchgeführt werden. Dabei kann auch der Transport von Partikeln im Medium modelliert werden. Durch instationäre Simulation der Strömungszustände, werden die Orte des Materialabtrags am Laufrad bewertet. Durch Integration der Partikel-Wand-Interaktion während der Laufzeit der CFD-Berechnung können qualitative Abtragraten an jedem Punkt der Bauteiloberfläche berechnet werden. Dadurch ist es möglich, bereits während der Auslegung der Pumpe besonders Verschleiß beaufschlagte Stellen zu erkennen und sowohl werkstofftechnisch als auch konstruktiv zu berücksichtigen.

Um zur Verschleißsimulation die plastischen Verformungsvorgänge, die während der Belastung im Werkstoff auf mikrostruktureller Ebene vorherrschen zu untersuchen, werden Finite-Elemente-Netze erstellt. Diese Netze werden anschließend mit realitätsnahen Randbedingungen versehen, die es erlauben die lokale Verformung beim Aufbringen äußerer Lasten zu berechnen. Hieraus können Rückschlüsse auf die Potentiale zur Werkstoffoptimierung abgeleitet werden.

Verschleißsimulation

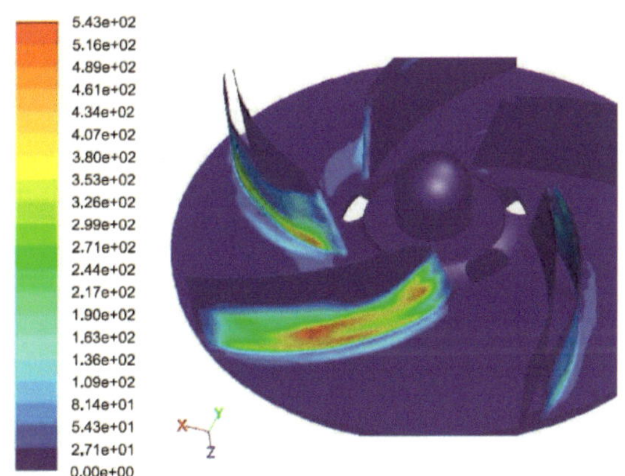

Bild 68: Anzahl der Partikel-Einschläge auf dem Laufrad bei der Förderung von Partikel-beladener Strömung.

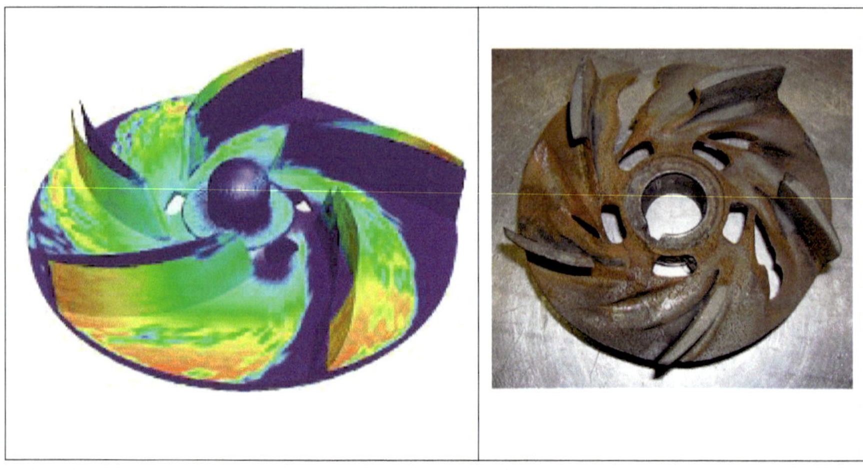

Simulation Versuch

Bild 69 und 70: Verschleiß-Simulation – Verteilung der Auftreffgeschwindigkeit der Partikel

In der obigen Darstellung lässt sich gut erkennen, dass die Partikel von den Laufradschaufeln erfasst werden und anschließend entlang der Schaufeloberseite gleiten. Durch Auswertung der Auftreffwinkel, der Auftreffgeschwindigkeit und der herrschenden Strömungsbedingungen können den im Prüfstand entstehenden Schadensbildern die entsprechenden Schädigungsmechanismen zugeordnet werden.

Bei der Strömungs- und Verschleißsimulation ergeben sich folgende Erkenntnisse:

- Die Geschwindigkeitsvektoren zeigen die höchste Geschwindigkeitsdifferenz zwischen Laufrad und Medium an den Eintrittskanten des Laufrads.
- An der Schaufelrückseite bilden sich Wirbel, die einen relativ großen Bereich des Schaufelkanals beeinflussen.
- Im Bereich dieser Wirbel treten sehr starke Verschleißerscheinungen auf.

Die Untersuchungen ergaben, dass der Verschleiß in Form von Erosion hauptsächlich von den Einflussparametern Partikelgeschwindigkeit, dem Aufprall-winkel und der Duktilität des Werkstoffs abhängig ist.

Bei einem flachen Aufprallwinkel der Partikel kommt es zur plastischen Deformation. Bei senkrechtem Auftreffen der Partikel kommt es an der Auftreffstelle zur „Kraterbildung“.

Mit Näherungsformeln für die Winkelabhängigkeit des Erosionsabtrags wurde für das unbeschichtete Material ein Maximum des Abtrags bei 12-13° Aufprallwinkel errechnet. Bei den harten Oberflächen tritt der maximale Abtrag bei einem steilen Aufprallwinkel von 80-90° auf. Die Schadensbilder der einzelnen Bauteile sind nahezu deckungsgleich mit den Ergebnissen der Strömungssimulation. [24]

Zusammenfassung der Verschleißsimulation

Durch die Verschleißversuche und Untersuchungen konnte ermittelt werden, dass die Oberflächenhärte allein nicht als Merkmal für die Verschleißvermeidung ausreichend ist. Die numerischen Untersuchungen zeigen Potentiale für die Verbesserung der Eigenschaften der Bauteiloberflächen der Pumpenkomponenten.

Die Simulationen bilden die Kennliniendaten unter Berücksichtigung modellmäßiger Vereinfachungen gut ab. Die Strömungsverläufe in der Pumpe und im Rohrleitungs-system können dargestellt werden. Strömungswirbel auf dem Pumpenlaufrad verursachen bei abrasiven Medien Verschleiß. Die Geschwindigkeitsvektoren zeigen die höchste Differenz zwischen Laufrad und Medium an den Eintrittskanten des Laufrades. Je höher die Durchflussgeschwindigkeit, desto höher der Verschleiß bzw. der Materialabtrag.

Die Versuche zeigen deutlich, dass die Schadensbilder der einzelnen Bauteile mit den Ergebnissen der Strömungssimulation sehr gut übereinstimmen. Die Stellen mit erhöhter Strömungsgeschwindigkeit zeigen die stärksten Verschleißerscheinungen. Die Verschleißsimulation ist somit eine gute Möglichkeit, zu erwartende Schäden durch abrasiven Verschleiß vorauszuberechnen.

5. Maßnahmen an Bauteilen zur Reduzierung von Verschleiß

Unabhängig davon, welche Pumpenbauteile dann letztendlich geschädigt werden, hat die Betriebsweise einen großen Einfluss auf die Schadensfreiheit und Langlebigkeit einer Anlage. Da ein direkter Zusammenhang zwischen Drehzahl, Verschleiß und Geräuschentwicklung besteht, gilt es zur Optimierung des Prozesses die Drehzahl bzw. die Durchflussgeschwindigkeit im Pumpsystem anwendungs-bezogen zu reduzieren. Je geringer die Geschwindigkeit, desto geringer der Verschleiß und die Geräuschentwicklung. Nach Möglichkeit sollten deshalb Pumpen mit geringerer Drehzahl, z. B. 4-polige mit Drehzahlen von 1.450 1/Min bzw. Frequenzumrichter zur Drehzahlanpassung eingesetzt werden. Verschleiß-reduzierende Schutzmaßnahmen und Oberflächenvergütungen können an den folgenden Bauteilen durchgeführt werden:

- Laufrad
- Spiralgehäuse
- Druckdeckel
- Lager
- Rohrleitungen
- Gleitringdichtungen (Sperrkammer, etc.)
- weitere Bauteile

Falls notwendig, sind auch konstruktive Maßnahmen wie beispielsweise verschleißmindernde Einsätze sinnvoll.

5.1. Korrosionsschutz

Es eignen sich verschiedene Beschichtungssysteme als Korrosionsschutzschichten. Organische, anorganische oder nichtmetallische Diffusionsüberzüge. Bevor aber die jeweilige Schicht aufgebracht werden kann, bedarf es einer Vorbehandlung. Die Bandbreite reicht von mechanischer Reinigung bis hin zu thermischen Reinigungs-verfahren.

5.1.1. Verfahren der Oberflächenvorbereitung

Bürsten

Die einfachste Möglichkeit der mechanischen Oberflächenvorbereitung ist das Bürsten. Sich leicht lösende Teilchen auf der Oberfläche werden hierbei entfernt. Es kommen entweder Naturborsten, oder Borsten aus Kunststoff oder aus Metall zum Einsatz.

Strahlen

Ein Strahlmittel (Sand oder Glasperlen) wird mit hohem Druck pneumatisch, hydraulisch oder mechanisch (Schleuderräder) auf der Metalloberfläche zum Aufprall gebracht. Dadurch lösen sich auch Partikel, die sich durch das Bürsten nicht entfernen lassen.

Schleifen

Mit Hilfe körniger Schleifmittel oder durch Stahlwolle wird die Metalloberfläche bearbeitet.

Schaben

Die Oberfläche wird mit einer gehärteten Stahlschneide durch Schaben vorbereitet.

Reinigen mit Drahtnadel

Mit Hilfe einer Drahtnadel-Druckluftpistole können Verunreinigungen insbesondere aus Ecken und Winkeln entfernt werden.

Flammstrahlen

Mit einem Flammstrahlbrenner werden etwas fester sitzende Stoffe wie Rost oder Zunder durch kurzzeitiges Strahlen entfernt.

Blankglühen

Dünne Oxidschichten werden bei hohen Temperaturen durch reduzierende Gase entfernt.

5.1.2. Klassifizierung der Korrosionsschutzschichten

Organische Schichten

Beschichtungsstoffe aus Pigmenten, Kunststoffen, oder bituminöse Stoffe werden auf die Metalloberfläche aufgebracht.

Anorganische Schichten

Es werden anstrichartige Beschichtungsstoffe (z. B. Zink-Ethylsilikat), Füllstoffe und Bindemittel auf Basis von Ethyl- oder Alkalisilikat auf die Oberfläche aufgetragen.

Keramik-Beschichtungen

Durch thermisches Spritzen wird die aus anorganischen Kristallen bestehende Keramik-Schicht auf der Metalloberfläche erzeugt.

Kondensationsverfahren

Hierbei unterscheidet man zwischen physikalischen und chemischen Verfahren. Beim physikalischen PVD-Verfahren (physical vapour deposition) wird mittels eines nichtmetallischen Beschichtungsstoffes, der durch Kondensation im Vakuum verdampft, die Schicht auf der zu schützenden Metalloberfläche hergestellt.

Beim chemischen CVD-Verfahren (chemical vapour deposition) wird durch eine oberflächenkatalytische Reaktion mit gasförmigen Verbindungen des Beschichtungs-stoffes die Schicht auf der Metalloberfläche erzeugt.

Oxid-Überzüge

Thermisch erzeugt, entstehen durch Oxidation von Stahl in heißer Luft oder in Salz-schmelzen dünne, blaue Oxidüberzüge. In alkalischen Salzlösungen sind die Schichten dunkelbraun bis schwarz.

Nichtmetallische Diffusionsüberzüge

Nitrierschutzschichten entstehen indem das Metall in stickstoffabgebenden Chemikalien geglüht wird. Borierschichten werden mit Bor abgebenden Stoffen hergestellt (pulver-, granulat- oder pastenförmig).

(*Quelle:* DIN 50902:1994-07)

5.1.3. Materialauswahl

Je nach Anwendungsfall und dem zu erwartenden Verschleiß kann bereits vorbeugend ein Schaden minimiert oder ausgeschlossen werden. Ist mit Korrosion zu rechnen, sollte auf Grauguss als Material verzichtet werden. Im Rahmen bestimmter Einsatzgrenzen kann Edelstahl (1.4571, 1.4539) verwendet werden. Ab einem Wert von 4 500 mg/l CL-Ionen sollte Edelstahl 1.4571, ab 18 000 mg/l CL-Ionen Edelstahl 1.4539/1.4462 (Guss) oder Bronze (2.1050), und ab einem Wert von 30 000 mg/l CL-Ionen sollte AL-Bronze (2.0980/2.0966) eingesetzt werden

Sofern die Festigkeitsanforderungen es zulassen, ist die sicherste Variante, Pumpen oder Pumpenteile aus Kunststoff zu verwenden.

5.1.4. Kunststoffbeschichtungen

Kunststoffbeschichtungen können bedingt gegen Verschleiß eingesetzt werden. Als Korrosionsschutz oder auch bei gering abrasiven Fördermedien eignen sich Kunststoffbeschichtungen.

Die Auswahl eines Beschichtungssystems bedeutet nicht nur die Auswahl der Schicht an sich, sondern die Auswahl einer passenden Kombination aus Grundwerkstoff, Beschichtung, Schichtdicken und Werkstoffübergängen.

Bei den Beschichtungen werden prinzipiell zwei Gruppen von Schichtsystemen unterschieden:

- Reaktionsschichten – entstehen durch Beeinflussung der Randschicht z. B. durch Wärme, Diffusion oder Implantation von Legierungselementen
- Auflageschichten – entstehen durch Aufbringen bzw. Abscheiden von Elementen

Kunststoff-Beschichtungen zählen zu den Auflageschichten. Bei wenig abrasiven Medien eignen sich Kunststoff-Beschichtungen sehr gut zur Glättung der Oberfläche und somit zur Reduzierung von Strömungsverlusten. Versuche haben ergeben, dass der Wirkungsgrad der Pumpe um bis zu 9 % erhöht werden konnte.

Bild 71 *und 72*: Laufrad und Spiralgehäuse mit Kunststoff-Beschichtung

In untenstehender Tabelle sind beispielhaft die Kenndaten von 2 Materialien, die sich als Kunststoff-Beschichtung eignen aufgeführt.

Material	**PFA** (Perfluoralkoxylalkan)	**ETFE** (Ethylen-Tetra-fluorethylen)
Wasseraufnahme (bis zur Sättigung)	Gering: < 0,03%	Gering: 0,03%
Einsatztemperatur	- 200 bis + 260 °C	- 100 bis + 150 °C
Sonstige Eigenschaften	anti-adhäsives Verhalten	anti-adhäsives Verhalten
Schichtdicke	0,4 – 0,6 mm	0,4 – 0,6 mm

Tabelle 15: Werkstoff-Kennwerte ausgewählter Kunststoffe

Verschlissene Pumpenteile, die durch Korrosion, Erosion oder Kavitation beschädigt wurden, lassen sich durch Kunststoffbeschichtungen wieder reparieren. Die geschädigten Teile werden vor der Beschichtung einer eingehenden Vorbehandlung unterzogen.

Je nach Schädigungsgrad, wird den Teilen durch Auftragsschweißen wieder die nötige Festigkeit zurückgegeben, die Oberfläche wird nachfolgend sandgestrahlt. Nach einer Grundierbeschichtung auf metallischer Basis, erfolgt die Endbeschichtung mit einer Keramik-verstärkten Epoxidschicht.

Bild 73: Laufrad nach Auftragsschweißen und Sandstrahlen [U&Z]

Bild 74: Laufrad nach Reparatur-Grundierung [U&Z]

Bild 75: Laufrad mit 2 K-Keramik-Epoxid-Beschichtung [U&Z]

Die Pumpenteile sind nach der Reparatur nahezu neuwertig und sind für einen weiteren Betriebszyklus einsatzfähig.

Bei stark abrasiven Medien eignen sich Kunststoff-Beschichtungen nicht, hier können sogenannte „Hartschichten“ eingesetzt werden.

5.1.5. Korrosionsschutz bei Edelstahl

Die Korrosionsbeständigkeit von Edelstahl ist bestimmt durch die Stahlart und das Medium, das mit der Oberfläche in Kontakt tritt. Eine korrosive Atmosphäre wie beispielsweise Salzwasser oder Chemikalien können den Edelstahl zerstören. Die Gestaltung der Oberfläche spielt dabei eine große Rolle. Unbehandelt, geschliffen oder poliert, mit steigender Tendenz wird die Korrosionsbeständigkeit verbessert.

Grundsätzlich schützt die sich auf natürlichem Wege bildende Passivschicht den Stahl vor Korrosion. Das Chrom im Stahl reagiert mit dem Sauerstoff der Umgebung und bildet Chromoxid als Passivschicht. Neben Chromoxiden enthalten Passivschichten auch Eisenoxide. Je höher der Chromanteil, desto höher die Korrosionsbeständigkeit.

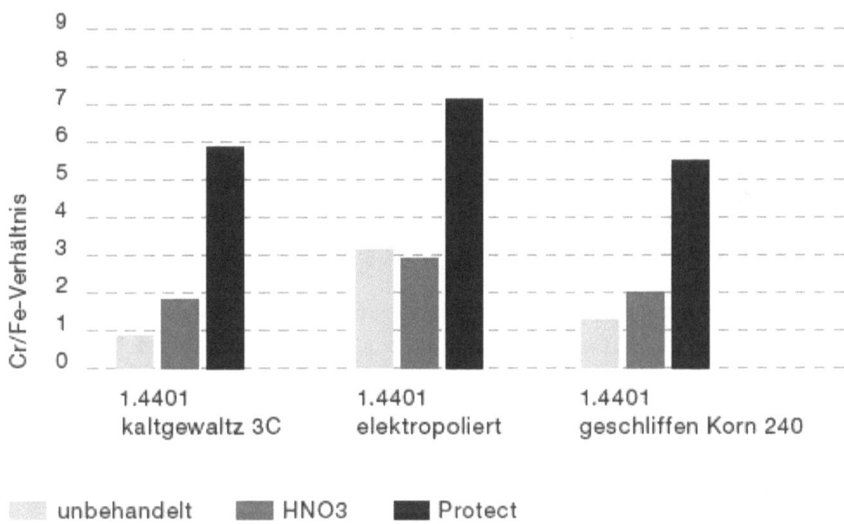

Diagramm 25: Chrom-/Eisen-Verhältnis verschiedener Oberflächen und Behandlungsarten des Edelstahls 1.4401 [30]

Durch einen chemischen Prozess kann die Passivschicht gegen Korrosion gestärkt werden. Dabei wird die Oberfläche mit Chrom angereichert und unter Wärmezufuhr (140°C – 220 °C) nachbehandelt.

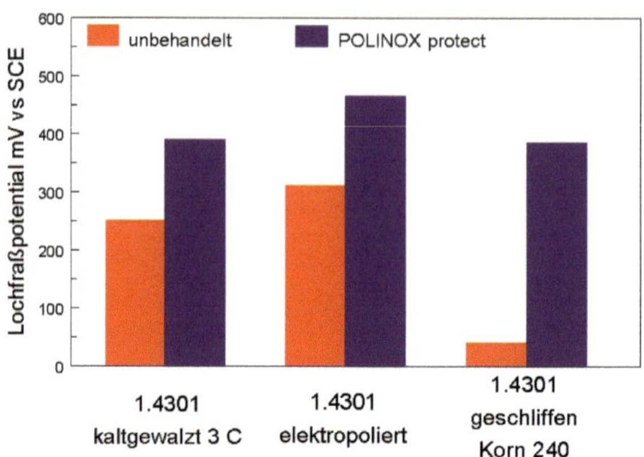

Diagramm 26: Lochfraß-Beständigkeit in Abhängigkeit der Oberflächen-beschaffenheit [30]

Je hochwertiger die Oberfläche, desto beständiger ist die Passivschicht gegen Zerstörung. Im obigen Diagramm ist die Lochfraß-Beständigkeit des Edelstahls 1.4301 bei verschiedenen Oberflächen dargestellt. Die elektropolierte Oberfläche mit nachträglicher Behandlung zeigt die beste Beständigkeit. Ausschlaggebend für die Korrosionsbeständigkeit ist somit die Passivschicht auf der Edelstahloberfläche.

5.1.6. andere Optionen

Als weitere Option der Korrosion standzuhalten bietet sich an, die Pumpenteile aus Vollkunststoff zu fertigen, oder falls aus Festigkeitsgründen notwendig, zusätzlich einen Edelstahl-Mantel um das Pumpengehäuse zu legen.

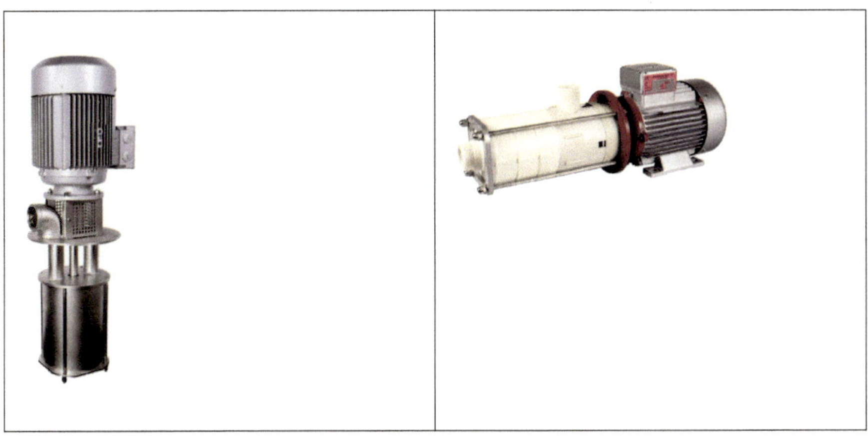

Bild 76: Kunststoff-Pumpe mit Edelstahl-Mantel

Bild 77: Kunststoff-Pumpe mit Metall-Rahmen

5.1.7. Korrosionsschutz an Gleitringdichtungen

Gleitringdichtungen eignen sich sehr unterschiedlich für korrosive Medien.

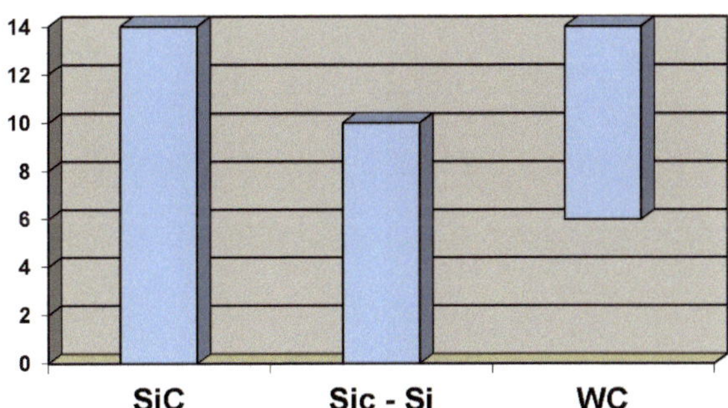

Diagramm 27: Vergleich der Korrosionsfestigkeit SiC, WC, Sic-Si

Aus dem Vergleich der Werkstoff-Kenndaten ergibt sich, dass sich Siliziumkarbid (SIC) bei Anwendungen mit Korrosionsgefahr am besten eignet.

5.2. Abrasionsschutz

Um über die richtige Schutzmaßnahme entscheiden zu können, müssen ausreichend Informationen über Art und Ausmaß der Verschleißerscheinungen vorliegen. Optische Begutachtung, u. U. die Durchführung eines Versuchs, sollten einer Maßnahme die durchgeführt werden soll, vorangeschaltet werden. Auch sollten über Art und Anteil der sich im Fördermedium befindenden Feststoffe ausreichend Informationen vorliegen. Vor allem bei komplizierteren Schadensfällen sollte eine Strömungsanalyse durchgeführt werden. Erst danach sollte man entscheiden, ob konstruktive Maßnahmen notwendig sind, oder eine Oberflächenschutzmaßnahme sinnvoll ist.

Bei sehr extremer, abrasiver Beanspruchung empfiehlt es sich, über ein Verschleiß-Überwachungskonzept nachzudenken. Welches Überwachungssystem dann zum Einsatz kommt, stationär, permanent, mobil, oder mit zyklischer Messung, kann dann letztendlich erst nach einer eingehenden Kosten-Nutzen-Analyse erfolgen.

Bild 78: Schäden durch Korrosion und Abrasion am Spiralgehäuse

5.2.1. Verschleißanalyse

Die Analyse sollte in jedem Fall mit der Überprüfung der Pumpendaten anhand des Abnahmeprotokolls beginnen. Viele Schadensfälle sind auch schon im Anlagenschema zu erkennen, so dass dieses Schema ebenfalls herangezogen werden sollte. Sind hier keine Fehler erkennbar, ist der nächste Schritt die Schadens-untersuchung mit der Interpretation des Schadensbildes.

Die Untersuchung des Schadenbildes durch eine Dokumentation mit Fotos und Skizzen erleichtert die Arbeit sehr. Es ist ratsam, eine Schadensuntersuchung gemäß VDI 3822 durchzuführen. Schwerpunkte dabei sind die drei Schritte der Schadensanalyse: Schadensbeschreibung, Bestandsaufnahme und Schadenshypothese. Einzeluntersuchungen, zum Beweis der Schadenshypothese können gegebenenfalls zusätzlich durchgeführt werden.

Die wichtigsten Begriffe der Schadenanalyse nach VDI 3822 sind im Folgenden zusammengestellt:

Bild 79: Schadensanalyse am Prüfbecken

- Schaden – Veränderungen an Einzelkomponenten, durch die die vorgesehene Funktion beeinträchtigt oder unumgänglich gemacht wird.
- Schadensart – Benennung des Schadens (z. B. Bruch, Abrasion, Korrosion)
- Schadensteil – Vom Schaden betroffene Komponente, Bauteil oder Bruchstück eines Bauteils
- Schadensbild – Äußerer Zustand des beschädigten Bauteils
- Schadenstelle – Stelle des Schadens am Schadensteil
- Schadenserscheinung – Kennzeichnende Merkmale der Schadensart
- Schadensablauf – Zeitliche Entwicklung des Schadens (bis zum Bruch)

Die Beschreibung des Schadensbildes sollte am besten durch eine Dokumentation des Schadens mit Hilfe von Fotografien, Skizzen und Zahlendaten und evtl. Messungen durchgeführt werden. Alle Auffälligkeiten sollten festgehalten werden. Vom Schadensteil oder den betroffenen Pumpenbereichen sollten Abmessungen, konstruktive und fertigungstechnische Details, sowie der Einbau und die spezifischen Einzelheiten der Beanspruchung erfasst werden. Aussehen, Lage und Ausgangs-punkt von Verformungen, Rissen, Brüchen, Korrosions- und Verschleißerscheinungen sollten genau ermittelt und dokumentiert werden. Stoffliche Merkmale der Oberfläche geben zusätzlich hilfreiche Informationen über den Schaden.

5.2.2. Strömungsanalyse

Ist der Schaden durch die Abrasion erheblich, und sind die Gründe nicht sehr plausibel nachzuvollziehen, empfiehlt sich, eine Strömungsanalyse durchzuführen. Es sollten möglichst viele Parameter und Informationen über die Randbedingungen vorliegen. Insbesondere über das Fördermedium sollten bekannt sein: Viskosität, Feststoffanteil, Temperatur, Volumenstrom, Förderdruck, Strömungsgeschwindigkeit und evtl. pH-Wert.

Durch die Strömungssimulation werden dann die Kennliniendaten unter Berücksichtigung modellmäßiger Vereinfachungen abgebildet. Die Strömungsverläufe/Strom-linien und Wirbelbildung an Laufradschaufeln und Spiralgehäuse sind zu erkennen. Bereiche an denen besonders großer Verschleiß auftritt und somit Materialabtrag erfolgt, sind sehr schnell ersichtlich.

Nach Vergleich der Simulationsergebnisse mit den tatsächlichen Schäden, kann dann entschieden werden, wo und an welchen Bauteilen Maßnahmen sinnvoll sind.

5.3. konstruktive Maßnahmen

Vorbeugend kann der Verschleiß durch entsprechende Maßnahmen stark kompensiert und gegebenenfalls vermieden werden.

Wellenschutzhülse
Dabei wird die Welle an den abrasionsgefährdeten Stellen mit einer Schutzhülse versehen.

Entlastungsbohrungen
Entlastungsbohrungen am Laufrad dienen der Reduzierung der Axiallast und zum Schutz der Lager.

Verschleißplatten
Verschleißplatten sind auswechselbar und zum Schutz des Spiralgehäuses hinter dem Laufrad montiert.

Keramik-Einsätze
Bei sehr harten Feststoffen kann Abhilfe durch Keramik-Einsätze an den beanspruchten Stellen geschaffen werden.

Überwachung mittels Sensors
Die Überwachung mittels eines Abrasions-Sensors bietet die Möglichkeit, durch ein Signal die Abnutzung anzeigen zu lassen.

5.3.1. verschleißmindernde Einsätze

Um die Lebensdauer der Pumpengehäuse zu verlängern, bietet sich mit einer Verschleißplatte im Pumpengehäuse eine recht einfache und kostengünstige Maßnahme an. Da im Schadensfall, zum Austausch der Verschleißplatte das Pumpengehäuse nicht mit der Verrohrung abmontiert werden muss, ist der Aufwand zum Austausch überschaubar. Ein Kostenvergleich mit einem neuen Pumpen-gehäuse erübrigt sich.

Bild 80: Verschleißplatte im Pumpengehäuse (vor Schädigung)

Bild 81: Abrasion an den Schrauben-bohrungen (nach Schädigung)

Beim Vergleich der beiden Fotos ist erkennbar, dass der abrasive Medienabtrag an den Kanten der Schraubenbohrungen beginnt. Bevor die komplette, recht dicke Verschleißplatte abgetragen sein wird, fallen voraussichtlich eher die Schraubenköpfe ab. Verschleißschutz für Anlagenkomponenten und Rohrleitungen aus Keramik sind bei sehr harten Verschleißpartikeln im Fördermedium empfehlenswert.

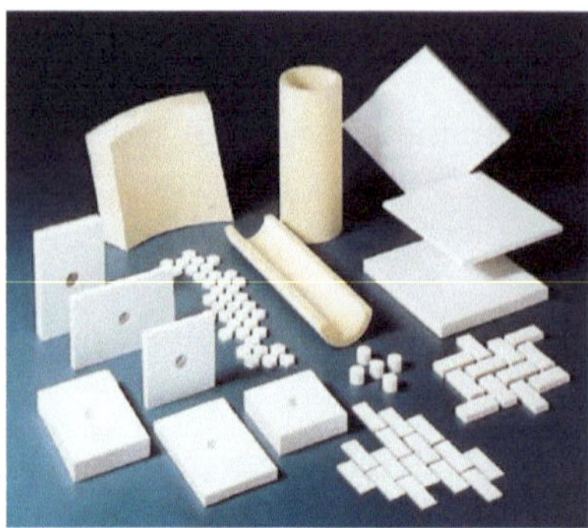

Bild 82: verschiedene Keramik-Inlets [15]

Mit sehr unterschiedlichen Wanddicken, Größen und Geometrien sind solche Einsätze verfügbar. Für große Rohrleitungen können sie gut eingepasst werden. Bei kleineren Rohrleitungsdurchmessern sind durch die Wanddicken entsprechende Grenzen gesetzt. Sonderanfertigungen sind jedoch meist realisierbar.

5.3.2. Überwachung mittels Sensoren

Beim Laufrad kann der Materialabtrag über die abnehmende Förderleistung beobachtet werden, während der Materialabtrag am Pumpengehäuse erst beim Austritt der Förderflüssigkeit bemerkt wird. Bei trocken aufgestellten Pumpen ist dies ein kritischer Faktor, da das Medium dann in die Umgebung auslaufen kann. Um diesen Verschleiß frühzeitig zu erkennen und entsprechende Wartungsmaßnahmen einleiten zu können, kommt der Verschleißsensor zum Einsatz.

Sensor	Position von drei Sensoren an Versuchspumpe	Verschleißbereich Verschleißplatte im Spiralgehäuse

Bild 83 – 85: Einbausituation des Sensors

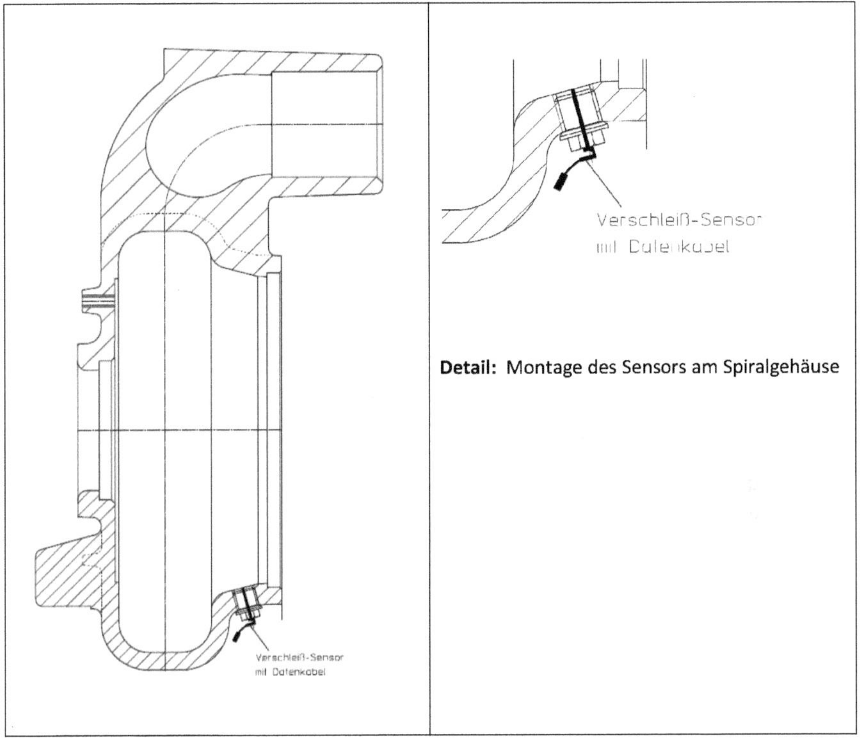

Grafik 4: Abrasions-Sensor im Pumpen-Spiralgehäuse

Mit Hilfe von Sensoren sollte die Wandstärke von Pumpengehäuse-Bauteilen überwacht werden. Die Wandstärke sollte an den Stellen überwacht werden, an denen der Materialabtrag durch das abrasive Medium groß ist. Durch den Materialabtrag entsteht die Gefahr von Leckage durch Undichtheit am Gehäuse an die Umgebung. Um diesen Verschleiß frühzeitig zu erkennen und entsprechende Wartungsmaßnahmen einleiten zu können, kam der Verschleißsensor zum Einsatz.

Funktionsbeschreibung

Der Verschleißsensor wird an besonders vom Materialabtrag betroffenen Gehäuse-Bereichen eingebaut. Bei diesem Sensorprinzip wird die Leitfähigkeit des Mediums ausgenutzt. Der Sensor hat eine zylindrische Form, dessen Kern aus leitfähigem Material besteht, der mit einer Isolierschicht aus Kunststoff umgeben ist. Der Sensor wird in ein Sackloch, dicht eingeklebt. Über Sensoren in verschiedenen Einbautiefen, kann der Materialabtrag, beobachtet werden.

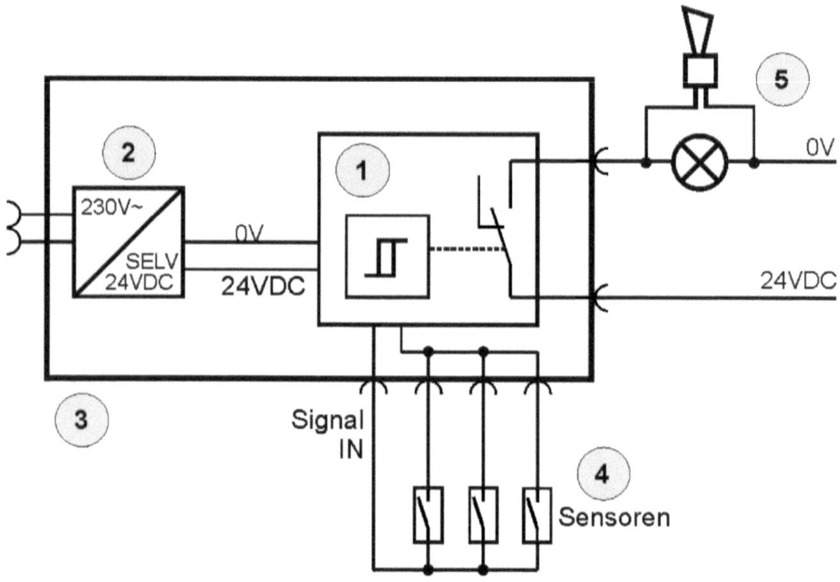

Grafik 5: Anschluss-Schaltbild des Abrasions-Sensors

Angeschlossen wird der Sensor an eine 24 Volt-Spannungsquelle (DC). Die Masseleitung wird am Gehäuse befestigt und auf die Auswerteeinheit geführt. Die Auswerteeinheit ist ein Schwellwertschalter, dessen Schaltpunkt auf Maximale Empfindlichkeit 1V eingestellt wird. Das abrasive Medium trägt bei Kontakt mit dem Sensor die Schutzschicht ab und über das Medium wird der elektrische Kontakt zum Gehäuse hergestellt. Wird die Schaltspannung überschritten, wird über einen Potentialfreien Schalter ein Leucht- und Akustiksignal aktiviert.

Ist solch ein Verschleiß-Sensor sehr gut positioniert, kann vorausschauend eingegriffen werden. Bevor der Verschleiß zu einem Schaden führt, kann das Spiralgehäuse im Rahmen der Wartung ausgewechselt werden.

5.3.3. Gummierungen

Gummierungen, beispielsweise aus EPDM, sind bedingt bei abrasiven Fördermedien einsetzbar. Da die Gummierung weicher ist als die Metallpartikel, „federt“ sozusagen beim Aufprallen das Gummi die Partikel zurück. Die Partikel prallen ab und werden mit dem Fördermedium weitertransportiert.

Bild 86: Gummierung von Spiralgehäuse und Druckdeckel

Bevor die Gummierung aufgebracht wird, muss die Oberfläche gut gereinigt werden, damit die Haftung auf dem Metall fest genug wird. Möglicherweise muss ein Primer (Haftvermittler) eingesetzt werden. Die Dicke der Gummierung sollte max. 4 mm betragen. Der Feststoffanteil sollte 15 % nicht überschreiten.

Nachteil ist, dass die Pumpen-Komponenten vor der Gummierung stark bearbeitet werden müssen, damit die Schichtdicke der Gummierung ausgeglichen werden kann.

Je nach Belastung wird aber auch der Verschleiß nicht ausbleiben. Nach gewisser Zeit werden dennoch kleine Gummi-Partikel abgetragen, auch entstehen kleine Risse. Die Standzeit einer Pumpe kann durchaus verdoppelt werden, je nach Beanspruchung auch noch mehr. Nach ersten Beschädigungen wird aber die Gummierung nach und nach abgetragen werden.

5.3.4. verschleißbeständige Gusseisenwerkstoffe

Bei abrasiv-korrosiver Beanspruchung wird sehr oft auch weißes Gusseisen eingesetzt. Dieser auch als Hartguss bezeichnete Werkstoff ist sehr verschleiß-beständig. Die Besonderheit dieses Werkstoffs beinhaltet, dass der Kohlenstoffgehalt chemisch gebunden als Karbid vorliegt. Die Bruchfläche ist weiß oder silbrig, im Gegensatz zum Grau des Graugusses. Es gibt verschiedene Sorten von Hartguss, je nach Legierungsanteilen und Legierungsgrad. Je nach

Gefüge entstehen bei un–oder niedriglegierten Sorten Chromkarbid, Molybdänkarbid, Niobcarbid oder Vanadiumcarbid. Die Härte der Karbide reicht von 800 HV bei Eisenkarbid, 1 600 HV bei Chromkarbid bis zu 2 800 HV bei Vanadiumcarbid.

Werkstoff	Härte in Vickers [HV]
Eisenkarbid	800 HV
Chromkarbid	1 600 HV
Vanadiumkarbid	2 800 HV
Grauguss	210 HV

Tabelle 16: Härtewerte der Gusseisenwerkstoffe in HV

Ein Hartguss, bei dem Nickel und Chrom im Verhältnis 2:1 als Legierungsbestandteile enthalten sind, ist unter dem Handelsnamen „Ni-Hard" bekannt (z. B. Ni-Hard 1 oder Ni-Hard 4). Die Eigenschaften können durch die Veränderung des Kohlenstoffgehalts variiert werden [52]. Obwohl der Chromgehalt des Hartgusses zum Teil sehr hoch ist (> 20 %), ist er nicht sehr korrosionsbeständig. Dies liegt daran, dass der Hauptanteil des Chroms in den Karbiden gebunden ist und der Gehalt anderer Legierungselemente wie z. B. Nickel oder Molybdän nicht ausreichend hoch ist. Allerdings ist die Korrosionsbeständigkeit stark abhängig von der chemischen Zusammensetzung des Fördermediums.

Bei stark abrasiven Medien wie beispielsweise Sand-/Wassergemischen, lassen sich solche Werkstoffe gut einsetzen. Da aber die Legierungskosten relativ hoch sind, reduziert sich diese Anwendung hauptsächlich auf sehr spezielle Sonderlösungen. Außerdem erfordern die Bauteile aus Hartguss spezielle Gusswerkzeuge. Eine spanende Nachbearbeitung (Abdrehen, Gewindeschneiden) der Gussteile ist nur mit Spezialwerkzeug möglich.

Beispielsweise eine Leistungsanpassung der Pumpe durch Veränderung des Laufrad-Durchmessers durch Abdrehen ist schwer möglich.

5.4. Oberflächenvergütung

Hierbei handelt es sich nicht um eine Vergütung durch ein galvanisches Verfahren, sondern um eine gezielte „Aufhärtung" der Randschicht, die eine Steigerung der Festigkeit gegen Abrasion bewirkt. Wie bereits in 4.2.1. beschrieben, beruht die Auswahl der Verschleißschutzschicht auf drei Schritten der systematischen Schadensanalyse: Schadensbeschreibung, Bestandsaufnahme und Schadens-hypothese. Nach genauer Kenntnis des Schadensbildes bzw. der Verschleiß-erscheinung ist es sinnvoll, die Anforderungen an das Schicht-Substrat-System festzulegen. Dies betrifft einerseits die tribologischen Anforderungen, sowie konstruktive und fertigungsbedingte Anforderungen und schlussendlich die Materialanforderungen. Anschließend kann eine Auswahl geeigneter Verschleißschutzschichten erfolgen.

5.4.1. Harte Schichten

Wie bereits in Kap. 4.1.2. beschrieben, bedeutet die Auswahl eines Beschichtungs-systems nicht nur die Auswahl der Schicht an sich, sondern die Auswahl einer passenden Kombination aus Grundwerkstoff, Beschichtung, Schichtdicken und Werkstoffübergängen. Die harten Schichten zählen zu den Reaktionsschichten.

Die Reaktionsschichten entstehen durch Beeinflussung der Randschicht z. B. durch Wärme, Diffusion oder Implantation von Legierungselementen.

Durch eine spezielle Oberflächenbehandlung lassen sich „weiche“ Materialien in der Randschicht härten, so dass durch ihren größeren Widerstand gegen abrasive Medien die Standzeit der Pumpe erheblich erhöht werden kann.

Bei den verschiedensten Beschichtungsverfahren ist die Haftung der Schicht auf der Grauguss-Oberfläche ein Problem. Durch verstärktes Sandstrahlen oder Glasperlen-strahlen muss die Schicht für den Beschichtungsprozess präpariert werden.

Bei dünnen Schichten muss noch eine zusätzliche Glättung erfolgen, um ein befriedigendes Ergebnis erreichen zu können.

Unter den „Dickschichten“ eignet sich das Laserauftragsschweißen sehr gut, da die Dicke der Schicht durchaus >1 mm sein kann.

Beim Nitrieren und Nitrocarburieren wird der Reibungskoeffizient und die Adhäsions-neigung verringert, dagegen wird der Abriebwiderstand und die Festigkeit gegen Ermüdung durch Wechselverformungen erhöht [45].

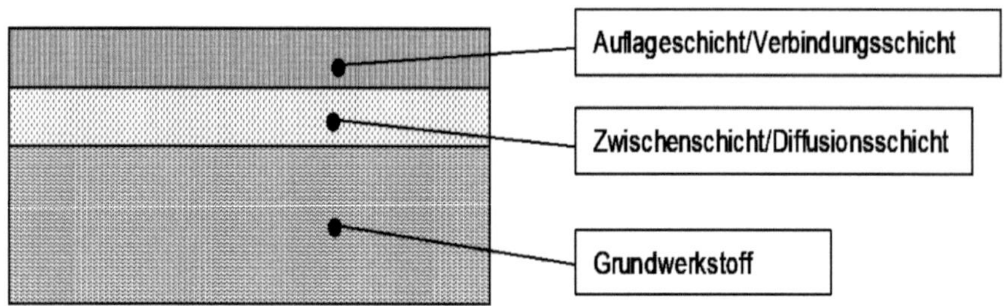

Grafik 6: Substrat-Schicht-Aufbau [31]

5.4.1.1. Nitrocarburieren

Das Nitrocarburieren beinhaltet einen Nitrierprozess (Gas oder Salzbad) bei dem aus dem Nitriermittel in die Werkstückoberfläche sowohl Stickstoff als auch Kohlenstoff eindiffundiert.

Dabei wird das Werkstück in Stickstoff-/Kohlenstoff-haltiger Umgebung einer Temperatur von 480 bis 590 °C ausgesetzt. Durch den Stickstoff und den Kohlenstoff findet in der Randschicht eine Veränderung der chemischen Zusammensetzung und des Gefüges statt.

5.4.1.2. Plasmanitrieren

Hierbei findet der Nitrierprozess im Plasma (elektrisch leitfähiges Gas) in einem Vakuum-Ofen bei 350 bis 600 °C statt. Der Stickstoff aus dem Nitriermittel diffundiert in die Oberfläche ein und bewirkt eine Veränderung der chemischer Zusammen-setzung und des Gefüges in der Randschicht.

Es ergibt sich hierbei ein sehr geringer Verzug und eine nur unbedeutende Maß-veränderung.

Dieses Verfahren eignet sich deshalb bei entsprechend dünnwandigen Bauteilen besser als das Nitrocarburieren.

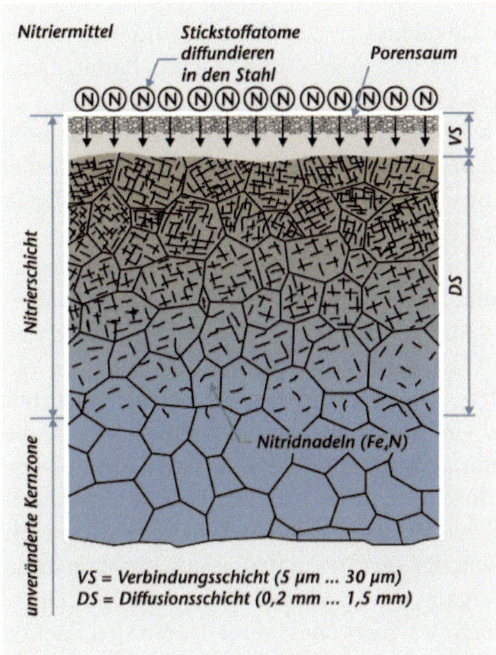

Bild 87: Nitrierschicht und Kernzone nach dem Plasmanitrieren [35]

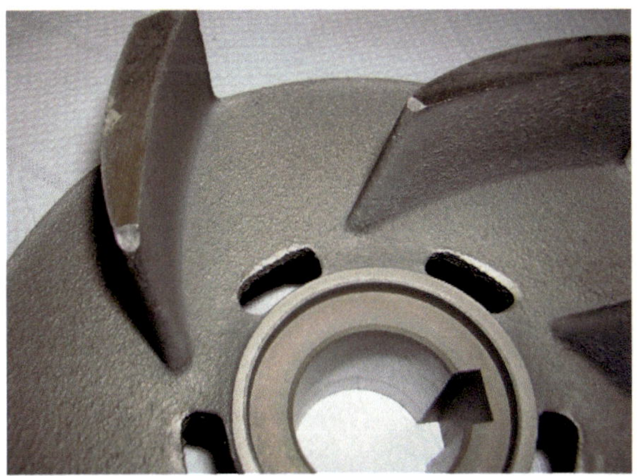

Bild 88: Laufrad mit Nitrierschicht nach dem Plasmanitrieren

5.4.1.3. Laserauftragsschweißen

Beim Laserauftragsschweißen wird lokal und präzise Material aufgetragen. Das Material kann dabei in Bezug auf Härte und mechanische Eigenschaften genau auf den Lastfall abgestimmt werden.

Diese Schicht hat eine Härte von 900 HV, besitzt dadurch eine sehr hohe Standfestigkeit und bewirkt durch die hohe Schichtdicke von 1 mm eine Erhöhung der Standzeit. Eine Anpassung der Geometrie ist allerdings notwendig, da die Hydraulik durch Laserauftragsschweißen verändert wird.

Aufgrund der relativ dicken Schicht und der speziellen Art des Fertigungsverfahrens, können Verschleißplatte und Laufrad entsprechend den Anforderungen der Anwendungen bis zu max. 1000 µm (1 mm) Schichtdicke beschichtet werden.

Die geringe, aber konzentrierte Wärmeeinbringung garantiert minimale Verzüge. Das Prinzip des Laserauftragsschweißens bzw. -beschichtens besteht darin, pulverförmiges Material auf ein Werkstück aufzuschweißen, so dass fest haftende, erhöhte Spuren (Schweißraupen) entstehen. Dazu wird das Material des Werkstücks mit Hilfe eines fokussierten Laserstrahls im Brennfleck leicht angeschmolzen. Gleichzeitig wird Zusatzmaterial in das Schmelzbad gebracht und ebenfalls aufgeschmolzen. Nach der Erstarrung haftet das Zusatzmaterial fest auf dem Werkstück. Dieser Vorgang erfolgt schnell und kontinuierlich.

Durch Kombination von einzelnen Beschichtungsspuren lassen sich flächige und mehrlagige Beschichtungen realisieren, wie sie für die Reparatur und den Verschleißschutz benötigt werden.

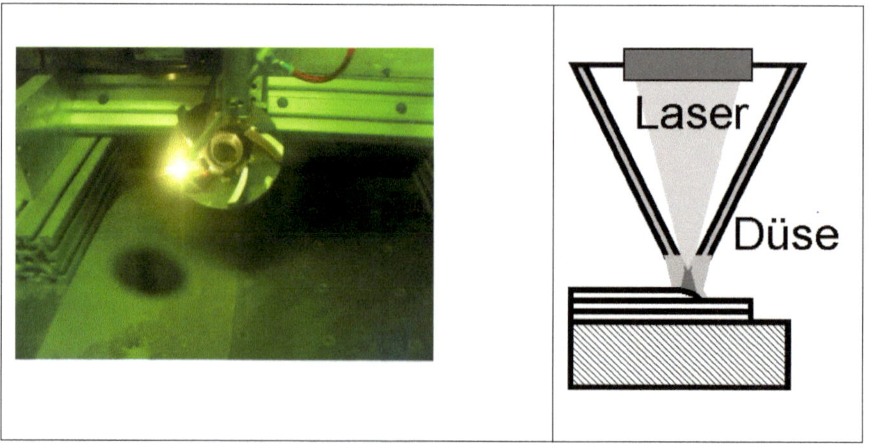

Bild 89: Laserauftragsschweißen am Laufrad

Bild 90: Prinzip

Bild 91: Laufrad mit Lasergeschweißten Schaufeln

Schichtdicke: 1000 µm
Härte: 900 HV

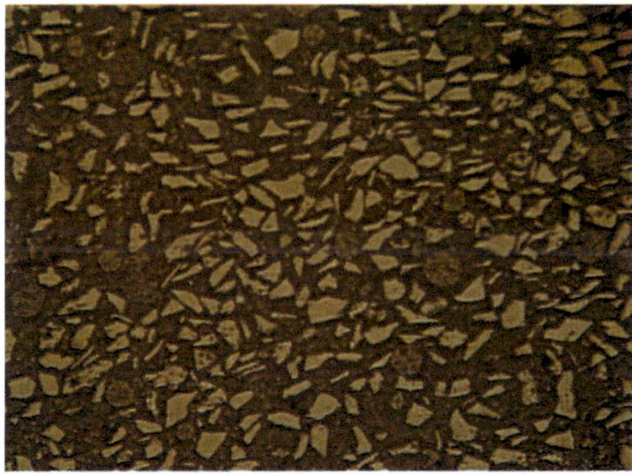

Bild 92: Gefüge-Schliffbild einer Laserauftrags-Schweißschicht

5.4.1.4. Kohlenstoffschichten

Kohlenstoffschicht ta-C (tetraedrisch amorpher Kohlenstoff):

Aufgrund der relativ dünnen Schichtdicke, muss das Substrat vor der Beschichtung vorbehandelt werden. Zusätzlich zum Sandstrahlen bzw. Glasperlenstrahlen sollten die Bauteiloberflächen durch Schleifen geglättet werden. Die Kohlenstoff-Schicht hat eine Härte von 4 500 HV. Dieses Verfahren eignet sich für die Beschichtung des Laufrads.

Bild 93: Laufrad mit amorpher Kohlenstoffschicht

Das Verfahren: Lasergesteuertes Vakuumbogen-Beschichten (laser-arco)

Das Laser-Arc-Beschichtungsprinzip vereint die Vorteile der Verfahren VAD (Vacuum Arc Deposition) und PLD (Pulsed Laser Deposition). Durch die Verwendung eines kostengünstigen Pulslasers wird eine zeitliche und örtliche Steuerung der Bogenentladung möglich. Mit Hilfe eines Laserpulses wird ein sehr stromstarker Bogen mit Spitzenströmen von etwa 1,8 kA gezündet, wobei die Dauer auf 130 µs begrenzt ist. Die amorphe Kohlenstoff-Schicht wird im PVD- Verfahren durch Verdampfen von Graphit abgeschieden.

Das Laser-Arc-Modul kann an jede handelsübliche Beschichtungsanlage angedockt werden.

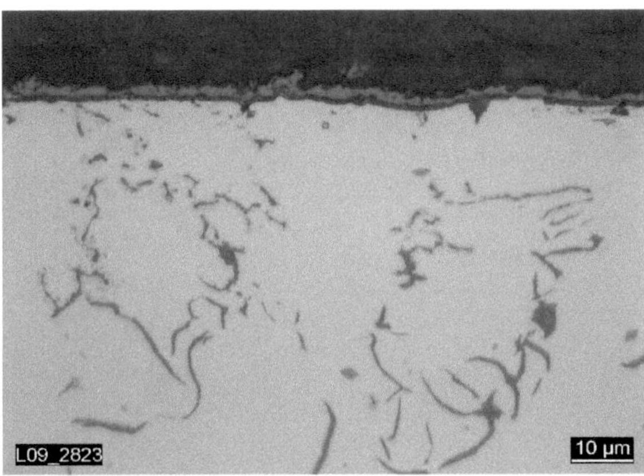

Bild 94: Gefüge-Bild der ta-C – Schicht

5.4.1.5. Diamant ähnliche Schichten

Duplex-Schicht:

In dieser Schicht ist das sehr harte Siliziumkarbid (SiC) enthalten, womit eine Schicht-Härte von 2 600 HV erreicht wird.

Die Schichtdicke kann bis zu 100 µm aufgetragen werden. Diese Schicht eignet sich für Spiralgehäuse und Laufrad.

Bild 95: Schliffbild der Duplex- Schicht

Kenndaten der Schicht:

- Diamantpartikelgrößen 1 – 45 µm
- Typische Korngrößen: 1-3 / 8-12 / 20-30 µm
- Korngröße: 1-3 µm
- Einlagerungsvolumen: 25 – 40 %
- Schichtdicke: bis 100 µm

Beschichtungsverfahren:
Die groben Diamantpartikel werden im ersten Beschichtungsschritt auf der Oberfläche fixiert. Der Freiraum zwischen den groben Diamantpartikeln wird im zweiten Beschichtungsschritt mit einer weiteren Dispersionsschicht bis zum gewünschten Einbettungsgrad aufgefüllt. Diese zweite Dispersionsschicht enthält deutlich feinere Diamantpartikel. Durch die Duplexbeschichtung wird der Verschleißwiderstand der Chemisch Nickel – Matrix REM deutlich erhöht.

Duplex-Schicht:

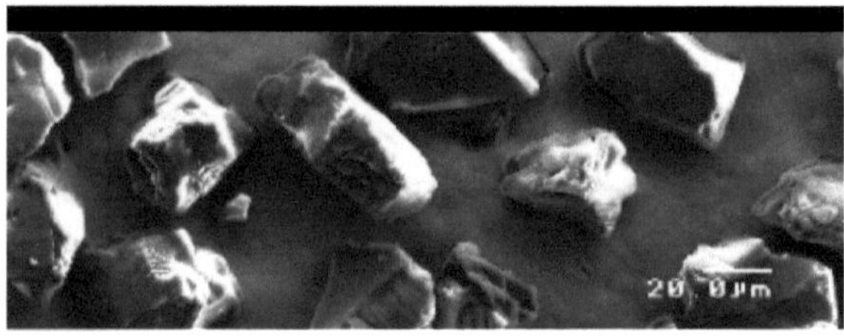

Bild 96: Oberflächenstruktur chemisch-Nickel-Diamant (Partikelgröße 40 µm)

5.4.1.6. Zusammenfassende Bewertung der Beschichtungsprozesse

Zum Schutz vor Abrasion eignen sich verschiedene Beschichtungsverfahren. Je nach Anwendung und Feststoff (Späne, Schleifstaub, Sand, sehr harte Feststoffe) muss über den anzuwendenden Prozess und die Schichtdicke entschieden werden. Eine selektive Beschichtung, vor allem durch Laser-Auftragsschweißen, ist je nach Anwendung sehr gut machbar.

Material	E-Modul [N/mm²]	Härte [HV]
Grauguss (GG), ohne Schicht	100 000	210
GG + Nitrocarburieren	110 000	600 – 660
GG + Plasmanitrieren	110 000	1160 – 1200
GG + Laserauftragsschweißen	210 000	900
GG + ta-C (Kohlenstoffschicht), Diamor	300 000	4 500
GG + chemisch- Nickel- Dispersionsschicht mit Diamantpartikel (ESK)	145 000	2 600

Tabelle 17: Härte und E-Modul nach der Beschichtung

Die Herstellverfahren wurden in untenstehender Bewertungsmatrix verglichen, um eine Basisinformation zur Entscheidung über die Schichtauswahl zu geben.

Schicht:	ta-C	Duplex	Laserauftrags-schweißen
Schichtdicke	10 µm	50 µm	1000 µm
Herstell-Verfahren	Vakuumbogen-Beschichten (laser-arco) mit amorphem Kohlenstoff. Elektr. Anschluss-leistung: > 20 KW	Fixierung der Diamant-partikel auf der Oberfläche und Auffüllung der Frei-räume mit Dispersions-schicht Elektr. Anschluss-leistung: > 30 KW	Aufschweißen von pulver-förmigem Material. Elektr. Anschluss-leistung: < 10 KW
Bearbeitungszeit für ein Laufrad	4-5 h	2 h	5 Min
Prozess-Temperatur	< 180 °C	90 ° C	1 300 °C
Nach-Tempern		350 ° C	

Tabelle 18: Herstellverfahren

Im Rahmen der vorausschauenden Instandhaltung lässt sich anhand der Verschleiß-daten und der Angaben über Durchflussgeschwindigkeit und Betriebsstunden ein Lastprofil für Pumpen erstellen. Eine Strömungssimulation gibt Aufschluss über die stark beanspruchten Bereiche im Innern der Pumpe. Vor allem bei Sonderanwendungen kann dann eine Abschätzung über die zu erwartende Standzeit der Pumpe gemacht werden. Eine Erhöhung der Standzeit rechtfertigt die Mehrkosten die durch die Beschichtung entstehen vor allem auch deshalb, weil dadurch die Kosten für den Produktionsausfall stark reduziert werden können.

5.5. Sonderkonstruktionen

Um bei besonders verschleißbehafteten Prozessen die Schäden zu minimieren und die Standzeit auf ein akzeptables Maß zu erhöhen, sind zusätzlich zu den Beschichtungen verschiedene Sonderkonstruktionen realisierbar.

5.5.1. Schneidradpumpe

Bei Werkzeugmaschinen werden Pumpen unter anderem auch zum Fördern von mit Metallspänen verunreinigten Kühlmitteln verwendet. Die Metallspäne bilden sehr oft Knäuel, die ein zuverlässiges Fördern des Kühlmittels behindern. Auf Spänezerkleinerer (Spänebrecher) oder Hebeanlagen, die teuer und aufwändig sind, wird häufig verzichtet. Aus diesem Grund ist es sinnvoll, Pumpen mit Schneidwerken zu kombinieren. Dazu wird auf der Pumpenwelle, dem eigentlichen Laufrad ein Vorzerkleinerer vorgeschaltet.

Bei verschiedenen Pumpen am Markt sind Schneidlaufrad und Vorzerkleinerer im Pumpengehäuse angeordnet. Der Vorzerkleinerer ist vom Ansaugstutzen der Pumpe umgeben, so dass die Späneknäuel im Pumpengehäuse zerkleinert werden. Allerdings besteht hier die Gefahr der Verstopfung falls die Späneknäuel zu groß sind, oder die Späne nicht klein genug geschnitten werden.

Andere Systeme bestehen aus Pumpe und separatem Spänebrecher. Diese Systeme sind aufwändiger, benötigen mehr Platz und erhöhen die Investitionskosten.

Eine weitere Variante einer einstufigen Kreiselpumpe in kompakter Blockbauform ist ebenfalls mit einem dem Laufrad vorgebauten Schneidwerk ausgerüstet. Das vorgesetzte Schneidwerk sitzt auch auf der verlängerten Pumpenwelle. Hier sitzt aber das Schneidrad direkt vor dem Pumpengehäuse. Sobald die Flüssigkeit mit den Spänen angesaugt wird, können die Späne durch das

Schneidwerk vor dem Eintritt in die Pumpen zerkleinert werden. Das Schneidrad zerschlägt die Späneknäuel und schneidet die Späne. Die Pumpe kann dadurch verstopfungsfrei arbeiten und die guten Saugeigenschaften bleiben erhalten.

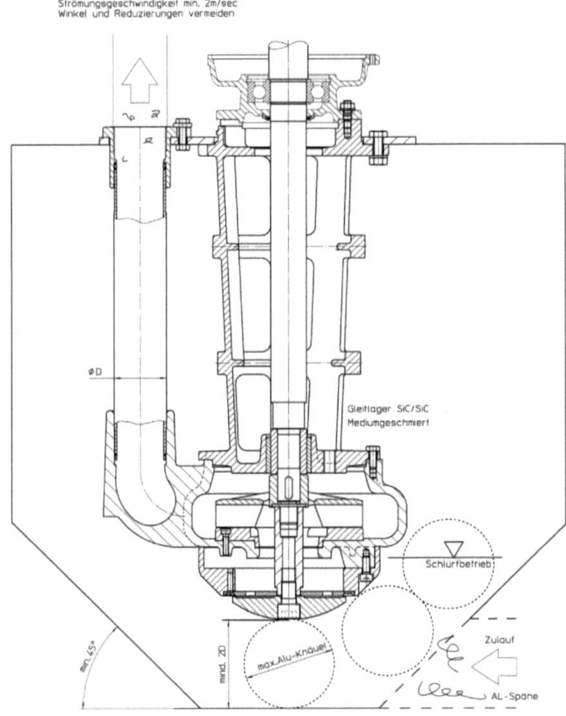

Grafik 7: Einbau der Pumpe mit Schneidwerk im Behälter

Bild 97: Schneidrad mit Schneidplatte

Die Schneidplatte und die Messer des Schneidrads sind gehärtet und dadurch sehr verschleißfest. Die Durchgangsöffnungen der Schneidplatte, als Langlöcher ausge-führt, sind so gewählt, dass das Pumpeninnere vor zu großen Teilen geschützt wird. Teile, wie z. B. abgebrochene Bohrer, können dadurch nicht in die Pumpe gelangen und das Laufrad nicht beschädigen.

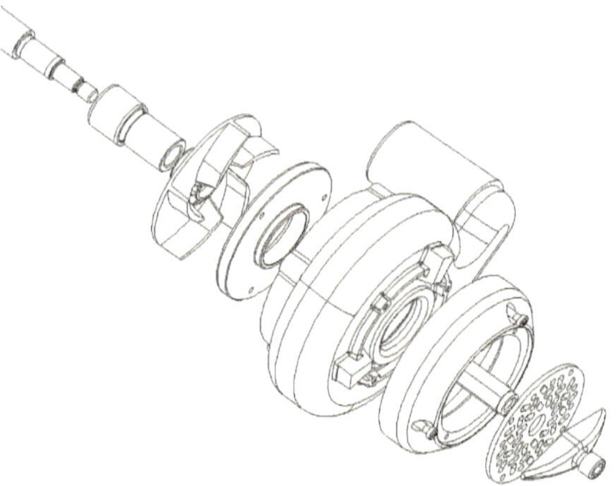

Bild 98: Pumpe mit Schneidwerk

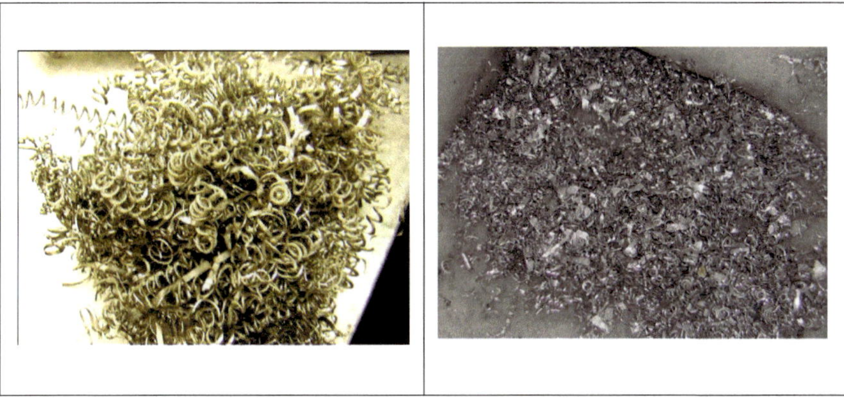

Bild 99: Späne vor dem Zerkleinern

Bild 100: Späne nach dem Zerkleinern

5.5.2. Pumpe mit Inducer

Bei verschiedenen Anwendungen arbeiten Pumpen in Prozessen mit geringen Saughöhen. Dies kann der Fall sein bei Prozessen mit Unterdruck, oder wenn Fördermedien mit niedrigem Siedepunkt gepumpt werden müssen. Der erforderliche NHSH-Wert liegt dann sehr grenzwertig, so dass das Kavitationsrisiko hoch ist.

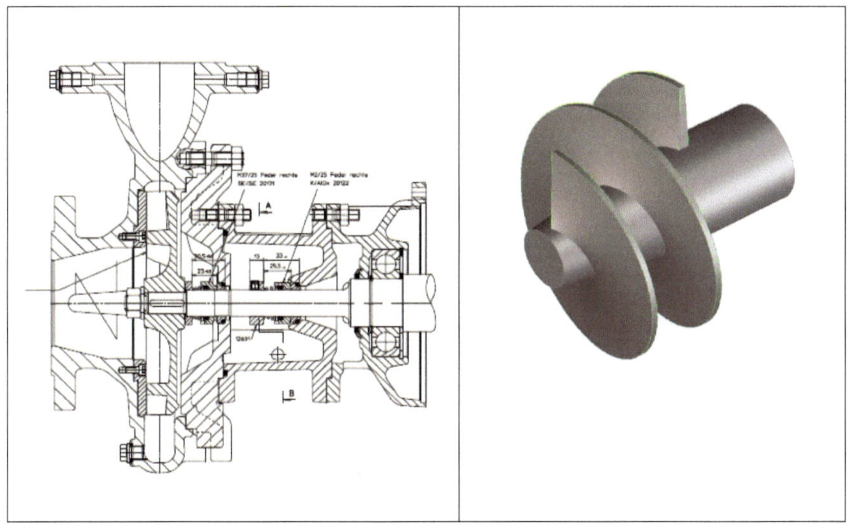

Grafik 8: Pumpe mit Inducer

Bild 101: Inducer

Um dieses Risiko zu minimieren und Schäden möglichst auszuschließen, kann ein Inducer-Laufrad auf der Pumpenwelle direkt vor das Pumpenlaufrad montiert werden.

Dieses Vorsatzlaufrad mit schraubenförmiger Geometrie erhöht sozusagen als „Vorpumpe" den Druck am Laufradeintritt und minimiert das Kavitationsrisiko und die daraus resultierenden Folgeschäden. Durch den Inducer werden außerdem Lärm und Energieverluste minimiert.

6. Mobile und stationäre Schadensüberwachung

Stationäre Anlagen zur Zustands- oder Schadensüberwachung sind im Allgemeinen aufwendiger und teurer als mobile Systeme. Kriterien für die Auswahl sind: geforderte Häufigkeit der Messsignale, Notwendigkeit einer Trendanalyse, erforderliche Genauigkeit der Messwerte, voraussichtliches Gefahrenpotential und auch das zu erwartende Schadensrisiko. Nicht zuletzt ist eine Kosten-/Nutzen-Rechnung ausschlaggebend.

6.1. Mobile Schadensüberwachung

Wird eine Pumpe neu installiert, ist es sinnvoll, diese für eine bestimmte Zeit zu überwachen. Dabei ergeben sich wichtige Erkenntnisse darüber, ob die Pumpe richtig auslegt wurde (Typ) und ob alle technischen Anforderungen erfüllt sind. Die Analyse der Pumpen-Messdaten und die Geräuschentwicklung liefern außerdem wichtige Erkenntnisse über den Prozessablauf und über den Betriebszustand der Pumpe. Ob die Pumpe im vorgesehenen Betriebspunkt läuft, kann ebenfalls ermittelt werden.

Soll eine neue Pumpe mit veränderten Eigenschaften eine andere Pumpe ersetzen, wird durch die Überwachung ermittelt, ob die Pumpe die volle Funktion der alten Pumpe erfüllt und ob die Leistung der Pumpe ausreicht. Dadurch kann in einem frühen Stadium die Gefahr eines später eintretenden Schadensfalls minimiert werden. Sofern die Ergebnisse der Überwachung zufriedenstellend sind und die laufenden Prozesse zu keinem Störfall führen, kann das Pumpen-Überwachungs-system wieder demontiert und an einer anderen Pumpe installiert werden.

Die in Kapitel 3 beschriebenen Parameter wie Druck, Temperatur, Drehzahl etc. können mit mobilen Messgeräten ermittelt werden. Ebenso sind zwischenzeitlich mobile Kompaktgeräte verfügbar, die auch Schwingungen, Zustand der Wälzlager und Kavitation messen, auswerten und dokumentieren können. Durch solche mobilen Messgeräte lassen sich Aufwand und Kosten sparen, da bei weniger kritischen Anlagen die mobile, kurzzeitige Überwachung ausreicht und kein stationäres Messsystem notwendig ist.

6.2. stationäre Zustandsüberwachung

Die Überwachung mit einem stationären System ist dann sinnvoll, wenn gefährdende Fördermedien im Einsatz sind oder wenn ein gestörter Prozessablauf der Pumpenanlage sehr großen Schaden verursachen kann. Gefahrstoffe können durch zu hohe Drücke oder Temperaturen zum Risiko werden, oder durch Auslaufen oder Überlaufen des Fördermediums aus dem Behälter zu Schäden führen. Oftmals übertreffen die Folgekosten sogar die Kosten für den eigentlichen Schaden.

Kritische Prozesse, die einen sehr kontinuierlichen Förderstrom über einen längeren Zeitraum, evtl. auch im 24-Stunden-Betrieb erfordern, können kaum ohne eine stationäre Zustandsüberwachung auskommen. Starke Schwankungen der Anlagen-parameter, lassen sich durch eine Überwachung + Regelung in den Griff bekommen.

Insbesondere in explosionsgefährdeten Bereichen ist eine Überwachung unverzichtbar. Dabei wird noch unterschieden zwischen Staubexplosion und Gasexplosion. Die Pumpen- und Anlagenkomponenten müssen den gültigen EU-Vorschriften für die jeweilige, explosionsgefährdete Atmosphäre entsprechen. Hier ist eine sogenannte ATEX-Zulassung erforderlich. Bei sehr komplexen Prozessen bietet sich außerdem die Möglichkeit der Fernwartung durch eine Spezialfirma an.

6.2.1 Aufbau der stationären Zustandsüberwachung

Zur exakten Messwert-Erfassung ist auf eine sachgerechte Installation der einzelnen Komponenten und der zum System gehörenden Geräte zu achten. Hierzu zählen neben der Pumpe die Sensoren, Datenleitungen, Messbox, PC und Netzwerk.

Durch Falschinstallation auftretende Messfehler können verheerende Folgen haben. Auch die eingesetzte Software muss regelmäßig überprüft werden.

Zum Aufbau des Überwachungskonzepts müssen Messungen zur Grenzwert-Ermittlung durchgeführt werden. Dazu werden gezielt Messungen bei Störungen durch-geführt. Der Ablauf gestaltet sich folgendermaßen:

- Messen der Störungen
- Abspeichern der Messdaten
- Analyse der Messdaten
- Festlegung der Grenzwerte
- Dokumentation in Tabellensystemen

Die Messungen im Prozess erfordern dann:

- Messen der Prozessparameter
- Analyse der Messdaten
- Vergleich der Werte mit den Grenzwerten
- Erkennung der Grenzwertüberschreitungen
- Bewertung der Grenzwertüberschreitungen

Treten Störungen auf, gibt es verschiedene Möglichkeiten, um die Störmeldungen weiterzuverarbeiten:

- Anzeige auf dem Bildschirm mit Fehlermeldung
- Anzeige auf dem Bildschirm mit Fehlermeldung und Weiterleiten zu einem übergeordneten Terminal
- Anzeige auf dem Bildschirm mit Fehlermeldung und sofortiger Reaktion z. B. „Pumpe Stopp."

Die Störmeldung kann auch als Alarm-Meldung definiert und weitergeleitet werden wie beispielsweise:

- Produktionsstopp
- Alarm weiterleiten im Firmennetz
- Alarm per E-Mail an Dienststellen außerhalb
- Alarm per E-Mail an Wartungsfirma

Soll eine automatisierte Zustandsüberwachung implementiert werden, findet eine laufende ebenfalls automatisierte Analyse der Messdaten statt. Diese Analyse bedeutet, dass die Erkennung einer Störung dadurch zustande kommt, dass ein Messwert-Vergleich mit den hinterlegten Grenzwerten erfolgt.

Das anschließende Signal auf die erkannte Störung nach einer Grenzwert-Überschreitung kann auf sehr unterschiedliche Art weiterverarbeitet werden:

- Anzeige am Monitor
- Klingelton
- Blinkende Warnleuchte
- Ausschalten der Anlage
- Überprüfung anderer Sensoren z. B. Rauchmelder, Raumtemperatur, Gas-Analysen, etc.

Die stationäre Zustandsüberwachung bietet eine zuverlässige Maßnahme zur frühen und schnellen Schadensbegrenzung. Beispielsweise können durch rechtzeitiges Abschalten schwere und teure Schäden verhindert werden.

Über Art und Umfang des Überwachungssystems kann nach Durchführung einer Risikoanalyse und nach Abschätzen des Schadenspotentials entschieden werden.

6.3. praktische Beispiele der Schwingungsmessung

Die Schadensdiagnose durch Zustandsüberwachung und Schwingungsanalyse kann online, oder wenn ein Störfall die Zerstörung der Pumpe zur Folge hatte, durch die Analyse der registrierten Messdaten erfolgen. Aber durch korrekte Zustandsüberwachung kann ein Schaden komplett vermieden werden.

Jeder Pumpentyp hat ein für sich typisches Schwingungsverhalten. Diese Schwingungen ändern sich bei unterschiedlichen Betriebszuständen wie Kavitation, Trockenlauf, etc., aber auch bei defekten Bauteilen an der Pumpe wie z. B. die Gleitringdichtung.

So kann unter zu Hilfenahme der Drehzahl ein eindeutiger Schwingungs-"Fingerabdruck" für jede Pumpe erstellt werden. Dadurch wird eine zuverlässige Aussage über den Allgemein-Zustand der Pumpe möglich.

6.3.1. Aufbau der Messtechnik

Im Folgenden sind verschiedene Sensoren abgebildet.

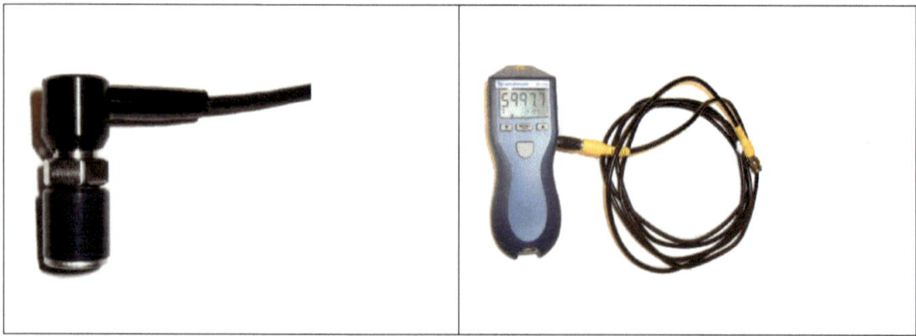

Bild 102: Beschleunigungssensor

Bild 103: Drehzahlsensor

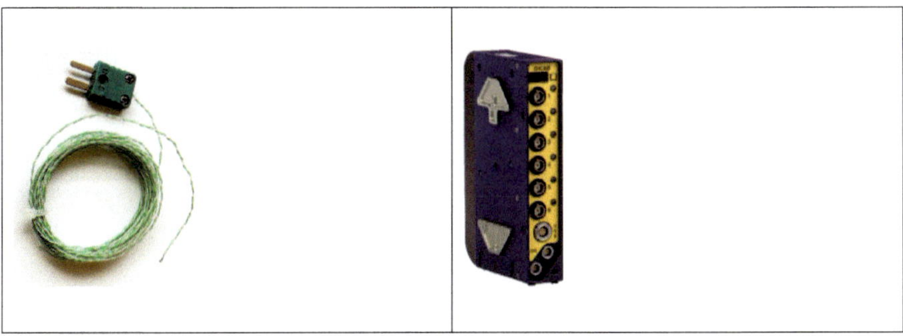

Bild 104: Thermoelement

Bild 105: 6-Kanal-Messbox

Die Messkette für jeden zu messenden Parameter ist folgendermaßen aufgebaut:

Messpunkt – Sensor – Kabel – Messverstärker – PC

Der Beschleunigungssensor misst den Körperschall zur Schwingungsanalyse, das Thermoelement wird zur Temperaturmessung eingesetzt.

Bild 106: Telemetrie – Sender

Bild 107: Telemetrie-Empfänger

Mit Hilfe eines Telemetrie-Systems können die Messdaten kabellos übertragen werden. Die Anzahl der Kanäle mit den zu übertragenden Signalen ist begrenzt auf die Möglichkeiten der nutzbaren Funkfrequenzen. Die Aufbereitung der Messdaten findet mit einer Messbox nahe an der Pumpe statt. Von dort können die digitalen Daten mit Ethernet bis zu 100 Meter Entfernung an das Haupt-Terminal übertragen werden.

6.3.2. Vermeidung von Messfehlern

Messfehler können eine Überwachung oder eine Messung komplett zunichtemachen. Entweder die Messung hat eine Streuung von mehr als 10 % oder ist komplett falsch. Je nach Anwendung sind ungenaue Messungen schwer weiterzuverarbeiten und oft unbrauchbar.

Bei einer Messung ist auf folgende Dinge zu achten:

- Richtige Auswahl der Sensoren
- richtige Positionierung der Sensoren
- hohe Messfrequenzen, ansonsten werden nicht alle Schwingungen gemessen.
- Angaben des Sensorherstellers zur richtigen Kalibrierung beachten.
- Passende Zeitintervalle – Mittelwertbildung
- Falls notwendig, Mess-Verstärker verwenden
- Toleranzen/Schwankungsbreite der zu messenden Parameter berücksichtigen
- Umgebungsbedingungen berücksichtigen (Temperatur, Luftfeuchte, etc.)
- Kostenrelevanz der Genauigkeit
- Genauigkeit: so genau wie möglich, aber so genau wie nötig

Gehen mehrere Parameter, die falsch oder ungenau gemessen wurden, in die Berechnung mit ein, führt dies zu Fehlerfortpflanzung. Beim falschen Endergebnis ist dann nicht mehr nachzuvollziehen, wo der Fehler herkommt. Erst durch mühsame Fehlerrechnung und Nachmessungen kann das Ergebnis korrigiert werden.

6.3.3. Analyse der Messsignale

Nach Vergleich der Messwerte mit den Grenzwertdaten ergeben sich Rückschlüsse über den Betriebszustand der Pumpe:

Drehzahlen:	
Normalbetrieb:	Die Drehzahl der Pumpe befindet sich im Sollbereich.
Saugseite geschlossen:	Die Drehzahl ist erhöht.
Erhöhter Luftanteil:	Die Drehzahl ist stark erhöht.
Kavitation:	Die Drehzahl ist sehr stark erhöht.

Temperatur-Messungen:

Normalbetrieb: Normaler Temperaturverlauf beim Warmlaufen. Das Kugellager erwärmt sich aufgrund der Reibung. Durch das fließende Wasser in der Pumpe bleibt die Temperatur der Gleitringdichtung konstant.

Druckseite geschlossen: Durch die Reibung des Laufrades mit dem Wasser erhöht sich die Wassertemperatur, da kein frisches Wasser nachfließen kann. Die Temperatur des Kugellagers erhöht sich durch die Erwärmung des Gehäuses.

Kavitation: Es ist nicht genügend kühlendes Wasser im Gehäuse, dadurch erhöht sich die Temperatur der Gleitringdichtung und des Kugellagers.

Trockenlauf: Schneller Anstieg der Gleitringdichtungs-Temperatur sichtbar.

6.3.4. Schadensdiagnose mithilfe der Schwingungsanalyse

Wie bereits in Kapitel 4.4.5. (pump monitoring) dargestellt, wird bei der Schwingungsdiagnose noch die gemessene Drehzahl hinzugezogen. Der Beschleunigungs- bzw. Körperschallsensor misst die Körperschallschwingung der Pumpe. Als Messwert wird die Beschleunigung in g gemessen (9,81 m/s^2).

Die Analyse des momentanen Betriebszustandes der Pumpen erfolgt mittels Frequenzanalyse. Dazu werden vom Messprogramm die Messdaten geladen und FFT-Spektren (Fast Fourier-Transformation) berechnet. Weiter werden die Pegelwerte und die Drehzahl in Abhängigkeit des vorliegenden Datenformats berechnet.

Für jede Störungsart (Trockenlauf, Kavitation, geschlossener Schieber) wird eine Kombination von Grenzwerten, Grenzkurven und Anstiegswerten ermittelt, was ein sicheres Erkennen der Störungsart ermöglicht.

Zur Trendanalyse für die Wartungszyklen der Pumpen werden die ermittelten Daten abgespeichert. Die Daten aus der Vergangenheit werden um die aktuellen ergänzt und gemeinsam, z. B. in 3-D-Form, dargestellt und analysiert. Eine Gruppe von Störungen kündigt sich durch Verändern bestimmter Größen vorher an.

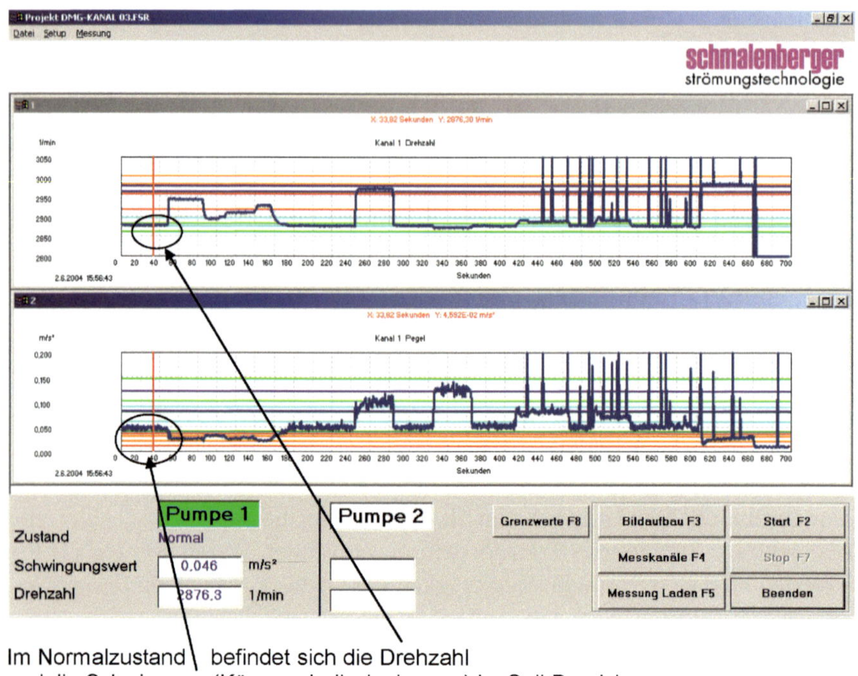

Bild 108: Pumpe im Normal-Zustand (Schwingung und Drehzahl)

In obigem Diagramm-Bild sind die Drehzahl und die Schwingung dargestellt. Die Klartext-Anzeige "Normal" sagt aus, dass sich die Pumpe 1 im Normalzustand befindet, die Pumpe 2 ist abgeschaltet.

Dieses System ist ein selbstlernendes System. Bei der Erstinbetriebnahme werden die Istwerte der zu überwachenden Pumpen ermittelt und abgespeichert. Für jede Pumpe wird eine Charakteristik erstellt (Störungen werden simuliert bzw. eingestellt), ein Sollbereich der Parameter (grüner Bereich) und ein Störungsbereich (roter Bereich) definiert, so dass später beim Auftreten der Störung das System sofort den Zustand, d. h. Art und Dimension erkennt.

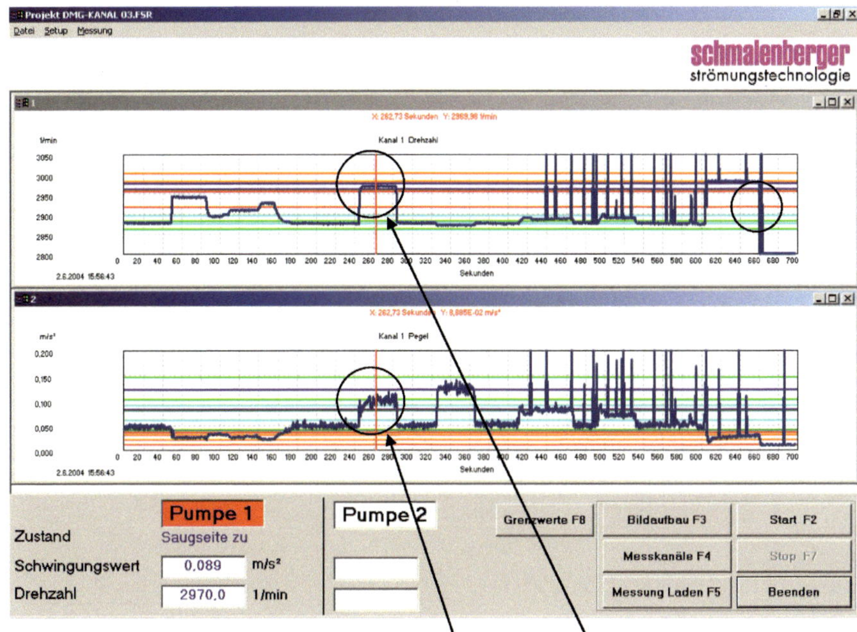

Bild 109: Betriebszustand: Saugseite geschlossen

Bei diesem Diagramm ist ebenfalls Drehzahl und Schwingung dargestellt. Die Klartext-Anzeige "Saugseite zu" sagt aus, dass sich die Pumpe 1 in einem Störungszustand befindet. Die Messwerte für Schwingung und Drehzahl sind zu hoch, sie liegen über den Werten für den Normalzustand.

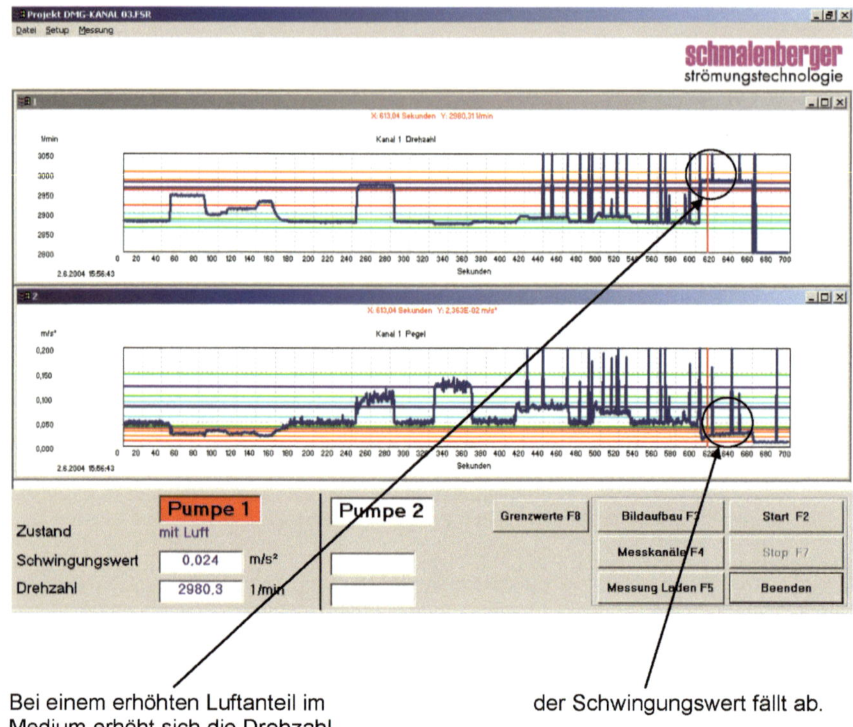

Bild 110: Betriebszustand: erhöhter Luftanteil

Bei diesem Diagramm sagt die Klartext-Anzeige "mit Luft" aus, dass sich die Pumpe ebenfalls in einem Störungszustand befindet. Der Messwert für die Schwingung ist zu niedrig, der Wert für die Drehzahl zu hoch.

Telemetrische Übertragung

Wie bereits oben angesprochen, können die Messdaten auch kabellos, mit Hilfe eines Telemetrie-Systems übertragen werden. Die Sensoren geben analoge Messdaten an die angeschlossene Sendestation ab, die sich unmittelbar an der Pumpe befindet. Die analogen Messsignale werden vor der telemetrischen Über-tragung digitalisiert und über den Sender im MHz-Band zum Empfänger übertragen. Die Telemetrie-Empfangsstation befindet sich am Mess-PC, bzw. am Leitstands-PC. Die übertragenen digitalen Messdaten werden zunächst zur weiteren Bearbeitung gewandelt und dann in eine Datei geschrieben bzw. in einem alokierten RAM-Bereich hinterlegt. [16]

Köperschall-Messungen mit Beschleunigungs-Sensoren

In den folgenden Bildern sind die Zeitverläufe der angeschlossenen Sensoren mit unterschiedlichen Betriebszuständen bzw. Störungen zu erkennen:

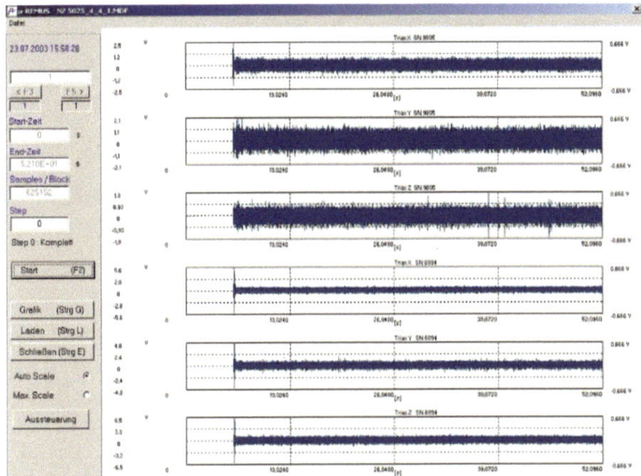

Bild 111: Normal-Zustand

Die Pumpe läuft im Normalzustand, die Körperschallschwingungen sind gleichmäßig und ausgeglichen.

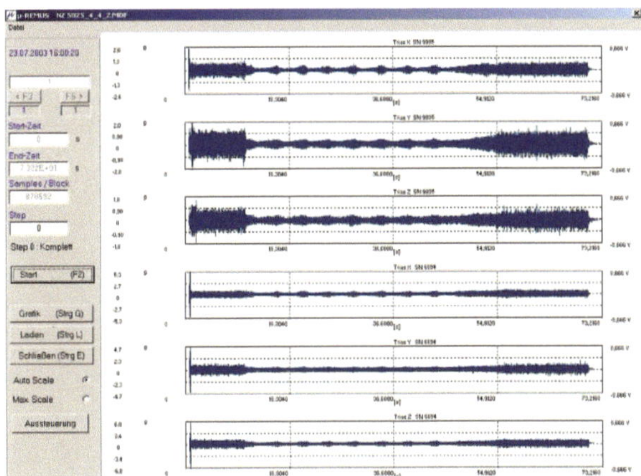

Bild 112: Zustand mit Luft

Die Pumpe fördert im Medium Luft mit, die Körperschallschwingungen sind ungleich-mäßig und stark schwankend.

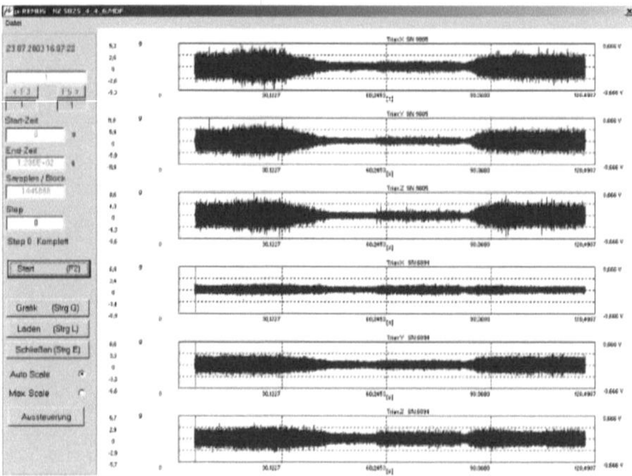

Bild 113: Kavitation

Die Pumpe kavitiert. Es kommt zu örtlicher Druckabsenkung bei Übergeschwindigkeit und zu Dampfblasenbildung bei Verdampfung des Fördermediums. Die Körperschall-schwingungen sind ungleichmäßig, pulsierend und mit hoher Amplitude.

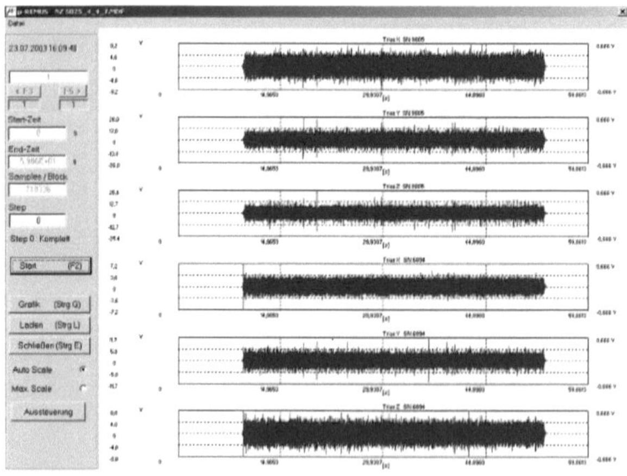

Bild 114: Pumpe läuft rückwärts

Die Pumpe läuft rückwärts, sie fördert zwar, aber zu wenig. Die Körperschall-schwingungen sind relativ gleichmäßig, aber mit hoher Amplitude.

7. Hinweise zu Planung und Konzeption von vorausschauender Instandhaltung

Ein störungsfreier Betrieb von Pumpensystemen kann durch eine zukunftsorientierte, intelligente Instandhaltungsstrategie ermöglicht werden. Instandhaltung gliedert sich hauptsächlich gemäß DIN 31051 in die Grundmaßnahmen Wartung, Inspektion, Instandsetzung und Verbesserung. Dabei beinhaltet die Instandhaltung den funktionsfähigen Betrieb einer Pumpenanlage über den gesamten Lebenszyklus, von der Inbetriebnahme bis zur Entsorgung.

Während die Wartung grundlegende Maßnahmen wie Überprüfung, Reinigung oder auch Austausch von Verschleiß-Komponenten beinhaltet, werden bei der Inspektion schon umfangreichere Maßnahmen durchgeführt. Es werden Daten des Istzustands mit denen des Sollzustands verglichen und möglicherweise auch Messungen von Betriebsdruck, Temperatur, Stromaufnahme, Drehzahl etc. notwendig.

Bei der Instandsetzung wird davon ausgegangen, dass die Pumpenanlage ganz oder teilweise außer Betrieb ist, oder eine betriebsunterbrechende Störung vorliegt. Schwachstellen oder Schäden werden bei dieser Maßnahme behoben. Die Verbesserung der Instandhaltung bedeutet, die Funktionsfähigkeit der Anlage noch zu steigern, damit Unterbrechungen oder Produktionsausfälle möglichst vermieden werden. Dies kann einerseits der vorsorgliche Austausch einer oder mehrerer Komponenten sein, oder auch eine zustandsorientierte Instandhaltung bedeuten. Vorausschauend, bevor ein Schaden eintritt, können Instandhaltungsmaßnahmen eingeleitet werden, indem eine kontinuierliche Überwachung der Anlage erfolgt. Der Messung und Aufzeichnung relevanter Parameter folgt die Analyse und Auswertung und anschließend die Planung und Durchführung von Maßnahmen.

Unvorhergesehene Störungen und Ausfälle können somit vermieden, Reparaturen minimiert werden. Nicht zuletzt die Einsparung von Reserve-Pumpen bringt beträchtliche Kostenvorteile. Über Art und Umfang des Überwachungssystems muss im Einzelfall, je nach Anwendung entschieden werden.

7.1. Pumpenüberwachung

Nach wie vor wird bisher die ausfallorientierte Instandhaltung praktiziert. Die Pumpe wird bis zum Ausfall betrieben, erst dann werden die verschlissenen

Komponenten ausgetauscht. Die zeitbasierte Instandhaltung beinhaltet vorsorglich, die verschleiß-relevanten Bauteile regelmäßig zu erneuern, auch dann, wenn sie noch nicht verschlissen sind.

Durch zustandsorientierte, vorausschauende Instandhaltung sollen Anlagenstillstand, was Kosten und Produktionsausfall bedeutet, vermieden werden. Durch vorsorglich durchgeführte Arbeiten und ausgetauschte Komponenten können direkte Kosten eingespart werden.

7.2. Diagnose-Systeme

Sowohl bei der punktuellen Inspektion, als auch bei der Online-Überwachung gliedert sich der Prozess in die folgenden Einzelschritte:

- Messen, Erfassen, Speichern
- Berechnen, Auswerten, Bewerten
- Darstellen, Klassifizieren, Alarm erkennen
- Maßnahmenplanung und -umsetzung

Wie in Kapitel 3 bereits beschrieben, müssen die speziellen Anlagen-/Pumpenpara-meter erfasst und bewertet werden, um geeignete Maßnahmen zu planen. Druck-, Temperatur-, Drehzahl-, oder Strommessgeräte können als stationäre Anzeige- Instrumente ohne weitere Funktionen zur regelmäßigen Inspektion in der Anlage eingebaut sein. Darüber hinaus kommen für die regelmäßige Inspektion mobile Diagnosesysteme zum Einsatz, die durchaus neben den Messfunktionen auch Analysefunktionen besitzen. Prozessparameter wie Druck, Temperatur oder Volumenstrom, sowie Schwingungen, Drehzahl oder Unwucht werden aufgezeichnet und ausgewertet. Signalanalysen, Trendaufzeichnungen, bis hin zu kompletten Maschinendiagnosen lassen sich mit mobilen Geräten erstellen.

Durch entsprechende Software können Messaufgaben programmiert werden. Während der Messung erfolgt ein Vergleich der gemessenen Werte mit vorgegeben-en Grenzwerten. Nach Abspeicherung und Auswertung kommt es zur Erstellung von Diagnosemeldungen.

Stationäre Diagnose-Systeme zur Online-Zustandsüberwachung sind bei komplexeren Anlagen sinnvoll. Solche Systeme vereinen Erfassen, Messen, Steuern, Regeln (EMSR) bis hin zur Dokumentation in einem Gerät. Auf den Überwachungsterminals werden dem Wartungspersonal die aktuellen Anlagenparameter, Störungen, Alarme oder sonstige Hinweise gemeldet. Durch spezielle Instandhaltungssoftware können Informationen und Vorschläge zu Instandhaltungsmaßnahmen bis hin zu Ersatzteil-bereitstellung angezeigt werden.

Die Überwachung mitsamt Dokumentation aller Instandhaltungsmaßnahmen ermöglicht einen nahezu störungsfreien Betrieb der Anlagen. Aufwand und Kosten müssen den Kosten für Produktionsausfall und Folgeschäden gegenübergestellt werden, um die Wirtschaftlichkeit zu ermitteln. Da solche Systeme auch Trends aufzeichnen und vorausschauend bewirken, Schäden zu vermeiden, ist der technologische Aufwand oftmals eindeutig gerechtfertigt.

7.3. Datentransfer

Handelt es sich um eine neue Anlage, wird die Datenübertragung zur Pumpen-überwachung in das Netzwerk der Gesamtanlage integriert oder an eine SPS- Steuerung angekoppelt. Unter der Vielzahl der gängigen Netzwerke sind Profibus und Industrial-Ethernet-Systeme weit verbreitet. Auch über Wireless-Kommunikationssysteme (Profinet), lassen sich die Daten übertragen. Am Wichtigsten bei der Planung aber ist, dass die entsprechenden Schnittstellen verfügbar sind. Derzeit wichtige und weit verbreitete Systeme sind:

Industrial-Ethernet-Systeme	Feldbus-Systeme
Ethernet/IP	Profibus
Profinet	CANopen
Ether CAT	Devicenet
SafetyNet	CC-Link
Powerlink	Modbus
Sercos	

Tabelle 19: Feldbussysteme und Industrial-Ethernet-Systeme

Um nicht unterschiedliche Systeme aufeinander abstimmen zu müssen, bietet sich an, Profinet aufgrund seiner Durchgängigkeit und Offenheit einzusetzen.

Im Bereich des Motorantriebs bietet die Ethernet-Technik die Möglichkeit, die Daten im Zyklustakt der Motorenregelung, mit der Steuerung in Echtzeit auszutauschen. Was die Flexibilität anbetrifft, sind in der Antriebstechnik bisher Ethernet/IP und Profinet weit verbreitet.

7.3.1. Digitalisierung - Industrie 4.0

Die Digitalisierung und Vernetzung von Maschinen und Geräten hat das Ziel, die Wertschöpfung ganzheitlich zu steigern. Die Fertigungsprozesse, von der Entwicklung über die Produktion bis zum Vertrieb, werden über das Internet gesteuert. Zur Koordinierung und Umsetzung von Industrie 4.0 haben sich die Industrieverbände VDMA (Maschinenbau), ZVEI (Elektro) und BITKOM (IT) zusammengeschlossen. Industrie 4.0 ist ein Zukunftsprojekt und die High-Tech-Strategie der Bundesregierung, im Ausland auch als CPS (Cyber-Physical Systems) bekannt. Mit der Planung wurde 2013 begonnen. Die Umsetzung soll bis zum Jahr 2030 abgeschlossen sein.

Folgende Einzelziele wurden definiert:

- Neuorganisation von Fabriken
- Flexibilisierung der Produktion mit dem Ziel der wirtschaftlichen Fertigung sehr vieler Produktvarianten bis hin zur Losgröße 1
- Produktivitätssteigerung bis zu 30 % wird angestrebt
- Produktionsgestaltung: sicherer, ressourcensparend, zuverlässiger

Von Industrie 1.0 zu Industrie 4.0

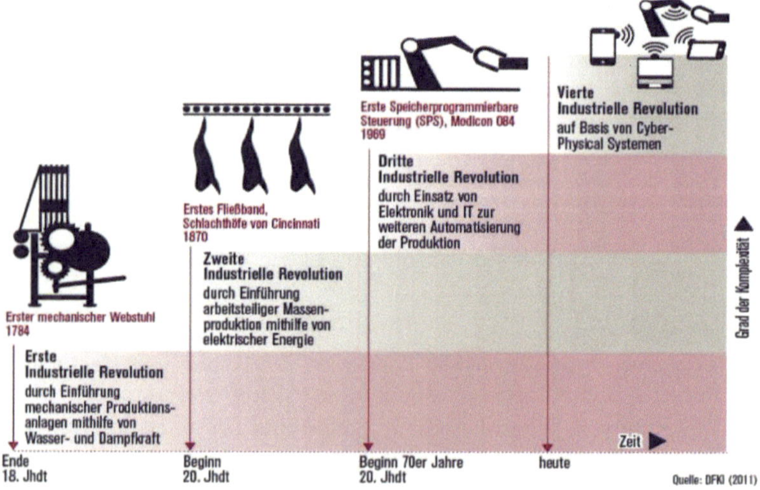

Bild 115: Die industrielle Entwicklung [9]

Neue Geschäftsmodelle sollen einen höheren Nutzen, sowohl für den Kunden als auch für die Unternehmen ermöglichen. Dazu muss eine Fülle an Daten analysiert und bewertet werden. Die Analyse kann nach einem 4-Stufen-Konzept erfolgen:

- was ist passiert?
- warum ist es passiert?
- was wird mit welcher Wahrscheinlichkeit passieren?
- was sollte getan werden?

In der vierten Stufe werden mögliche Handlungsempfehlungen erzeugt, die aufgrund der tatsächlich vorherrschenden Situation zu neuen Geschäftsmodellen führen sollen.

Was aber bedeutet dies für die Pumpen der Zukunft? Neue Pumpenkonzepte werden bi-direktional "kommunizierende Pumpen" beinhalten. D.h. Pumpen werden Signale und Informationen senden und empfangen um Prozesse und Systeme zu optimieren.

Konkret könnte das bedeuten: „die Pumpe bestellt ihr Ersatzteil selbst".

Zur Realisierung der „kommunizierenden Pumpe" müssen BUS-Systeme eingesetzt werden, die die hohen Anforderungen erfüllen können. Die Kommunikations-technologie muss unabhängig von Hersteller, Branche, Betriebssystem und Programmiersprache sein. Die Skalierbarkeit zur Vernetzung von Sensoren, SPS-Steuerungen, PCs und Smartphones ist ebenfalls notwendig.

Diese Möglichkeiten schafft OPC-UA, die standardisierte Schnittstelle für den Datenaustausch zwischen Anwendungen unterschiedlicher Hersteller. Herkömmliche Feldbusse können teilweise ersetzt werden.

7.3.2 OPC-UA

Die OPC-UA-Schnittstelle bietet durch ihre offene Plattform einen breiten Datenaustausch. „Open Platform Communications Unified Architecture", kurz OPC-UA ist ein internationaler Standard, der durch die Zusammenarbeit von Herstellern, Anwendern und Forschungs-Instituten entstanden ist. Komponenten wie Sensoren, Regler, SPS, Smartphones, Leiterplatten, Behälter und Maschinen können über ein gemeinsames, flexibles Netzwerk kommunizieren.

Bisher in der *„alten Welt Industrie 3.0"* sind die Strukturen durch Hardware gegeben. Funktionen sind an Hardware gebunden und die Kommunikation erfolgt zwischen den Hierarchie-Ebenen. Das Produkt steht außerhalb der Struktur.

In der *„neuen Welt Industrie 4.0"* sind Maschinen und Anlagen flexibel. Die Funktionen werden im Netzwerk verteilt, alle Teilnehmer sind über Hierarchie-Ebenen hinweg miteinander vernetzt. Die Kommunikation findet zwischen allen Beteiligten untereinander statt. Das Produkt steht nicht außerhalb, sondern ist Teil des Netzwerkes.

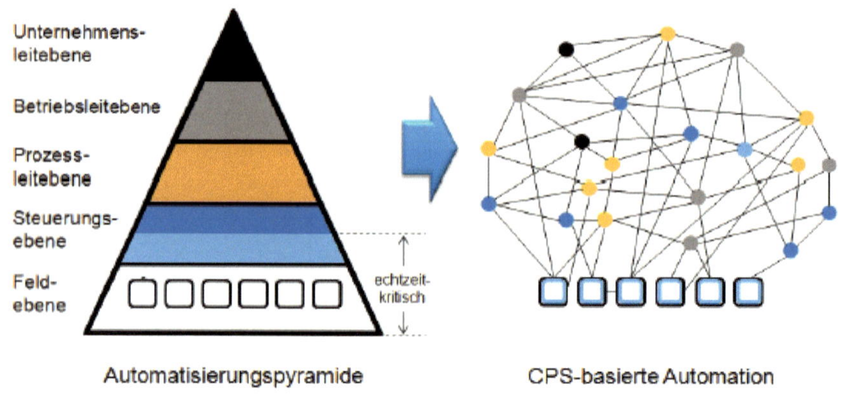

Bild 116: alte Welt – Hierarchie-Ebenen neue Welt – Netzwerk [48]

7.4. Fernwartung

Ist erst einmal das Wartungskonzept in ein industrielles Netzwerk integriert, ist der Weg zur Fernwartung nicht sehr weit. Beispielsweise erlaubt Profinet über den Web-Server auf die Daten einer Anlage, unabhängig vom Ort, zuzugreifen. Die Mess-signale der Sensoren können online, per Fernwartung erfasst und auch ausgewertet werden, sofern eine Ferndiagnose-Schnittstelle vorhanden ist. Dies schafft die Möglichkeit, kleinere Störungen zu beheben, ohne dass sofort Reisekosten entstehen. Der komplette Diagnoseablauf, von der Erfassung der Messwerte über die Berechnung und Auswertung, kann so bewerkstelligt werden. Die Ethernet-Technologie schafft somit Möglichkeiten, die Überwachungs- und Wartungsaufgaben bei überschaubaren Kosten als externe Dienstleistung zu vergeben.

7.5. Diagnose und Wartung als Dienstleistung

Instandhaltung und Wartung extern zu vergeben, bedeutet dennoch, dass der Betreiber einer Pumpenanlage seine Anlagendaten genau kennt. Die kritischen Bereiche, bzw. die Anlagen-Parameter, die überwacht werden sollen, müssen bekannt sein. Auch ist im Vorfeld zu klären, reicht eine regelmäßige, in festen Zeitabständen durchgeführte Inspektion, oder ist eine Online-Überwachung sinnvoll.

Ausfallrisiken und Ausfallkosten sind dem Aufwand für die Wartung gegen-über-zustellen. Im eigenen Hause entstehende Kosten für Personal und Messausrüstung sind ein weiteres Kriterium für die Entscheidung.

Kriterien für Wartungs-Option	Eigenes Wartungs-personal	Externe Wartung durch Dienstleister
Geschultes Fachpersonal	+	++
Planbare Fixkosten	+	++
Flexibilität	++	+
Modernste Messtechnik	+	+++
Risikoabschätzung	+	++
Zuverlässige, regelmäßige Wartung	+	++
Durchführung von kleinen Reparaturen	++	+

Tabelle 20: Vergleich: Inhouse-Wartung oder externe Wartung

Externe Dienstleister haben im Allgemeinen speziell ausgebildetes Fachpersonal und die dem Stand der Technik entsprechende Messausrüstung. Sowohl Full-Service-Wartung als auch nur einzelne Module bieten die Dienstleister an. Ob nur die Überwachung oder auch komplette Reparaturen beauftragt werden, muss dann im Einzelfall entschieden werden. Der Abschluss eines Wartungsvertrags kann u. U. für kleinere Unternehmen eine passende Lösung sein.

8. Wirtschaftlichkeit der vorausschauenden und zustandsorientierten Instandhaltung

Die Wirtschaftlichkeit von verschiedenen Maßnahmen orientiert sich einerseits an dem Nutzen und den dafür aufgewendeten Kosten. Ausschlaggebend ist aber der Zeitraum des Betriebs der Pumpe von der Inbetriebnahme bis zur Entsorgung. Der Kostenblock Investition macht bei wenigen Pumpensystemen mehr als 10 % der Gesamtkosten aus, bei den meisten eher weniger. Kosten für Wartung, Reparatur und Energie überwiegen. Deshalb ist ein störungsfreier, energieoptimierter Betrieb umso sinnvoller.

8.1. Optimale Betriebspunkt-Anpassung

Die optimale Betriebspunktanpassung ist die einfachste und effektivste Art, Energie und Kosten einzusparen. Die Schwierigkeit besteht oft darin, die Anlagenkennlinie exakt zu ermitteln und folglich den Betriebspunkt festzulegen. Im Betriebspunkt hat die Pumpe den besten Wirkungsgrad, den optimalsten Energieverbrauch und wird bezüglich der mechanischen Belastung am schonendsten betrieben. Die einzelnen Möglichkeiten zur Optimierung wurden bereits in Kapitel 4.1.3. beschrieben.

8.2. Energie-Effizienz

Global betrachtet sind mehr als 20 % des Weltenergiebedarfs an elektrischer Energie auf den Betrieb von Pumpensystemen zurückzuführen. Ressourcen zu schonen und der Energieverknappung entgegenzuwirken sind die eine Seite, Kosteneinsparung durch effizienten Pumpenbetrieb eröffnet andererseits große Chancen.

Die Effizienz von Pumpensystemen hängt maßgeblich von ihrem Betrieb, d. h. von der Anpassung von Druck und Volumenstrom an den tatsächlichen Bedarf ab. Um eine genauere Aussage darüber machen zu können, müssen die verschiedenen Kostenarten des Systems über seinen ganzen Lebenszyklus betrachtet werden. Eine Untersuchung des VDMA ergab, dass die Anschaffungskosten nur etwa 10 % der Lebenszykluskosten ausmachen, die Energiekosten aber mit mehr als 40 % den größten Kostenanteil ausmachen.

Der Einsatz von Energiesparmotoren kann einen guten Beitrag zur Energieeinsparung leisten. Die Drehzahlregelung durch Frequenzumrichter kann aber das drei- bis fünf-fache an Energieeinsparung ermöglichen. Das größte Einsparpotential liegt aber in der hydraulischen Optimierung des Pumpsystems.

Zur genaueren Abschätzung des Einsparpotentials muss eine Betrachtung der gesamten Anlage erfolgen.

Nach Einschätzung des ZVEI (Zentralverband Elektrotechnik- und Elektronikindustrie e. V.) liegt das Einsparpotential bei elektromotorisch angetriebenen Systemen folgendermaßen:

- Energieoptimierte Motoren: 10 %
- Elektronische Drehzahlregelung: 30 %
- Mechanische Systemoptimierung: 60 %

Energieoptimierte Motoren

Zunehmend fällt das Augenmerk auf die Effizienz bzw. den Wirkungsgrad der elektrischen Antriebe. Gemäß der neuen EU-Verordnung EN 60034-30:2009 werden seit 16.Juni 2011 die Motoren nicht mehr nach der EFF- Klassifizierung bewertet, sondern sind nach IE- Klassen (International Efficiency) unterteilt.

Diese Norm schreibt Mindestwirkungsgradklassen ab IE2 für Drehstrommotoren vor.

Phasen der EU-Verordnung Nr. 640/2009 (50 Hz) der Europäische Union	**Anforderungen**	**Hinweise**
Phase 1: **Ab dem 16. Juni 2011**	Die Motoren müssen die Wirkungs-gradklasse IE2 erfüllen.	IE2/hoher Wirkungsgrad - vergleichbar mit EFF1 (europäisches CEMEP-Abkommen)
Phase 2: **Ab dem 1. Januar 2015**	Motoren mit einer Nennleistung von **7,5 – 375 kW** müssen entweder die Wirkungsgradklasse IE3, oder wenn sie mit einem drehzahlgeregelten Antrieb ausgestattet sind, IE2 erfüllen.	IE3 / Premium-Wirkungs-grad von der Klasse IE2 abgeleitet mit ca.15 % geringeren Verlusten
Phase 3: **Ab dem 1. Januar 2017**	Motoren mit einer Nennleistung von **0,75 – 375 kW** müssen entweder die Wirkungsgradklasse IE3, oder wenn sie mit einem drehzahlgeregelten Antrieb ausgestattet sind, IE2 erfüllen	

Phase 4: Ab dem 1. Juli 2021	Motoren mit einer Nennleistung von **0,75 – 1000 kW** müssen die Wirkungsgradklasse IE3 erfüllen Motoren mit einer Nennleistung von **0,12 – 0,74 kW** müssen die Wirkungsgradklasse IE2 erfüllen
Ab dem 1. Juli 2024	Motoren mit einer Nennleistung von **75 – 200 kW** müssen die Wirkungsgradklasse IE4 erfüllen.

Tabelle 21: Zeitplan mit Phasen der EU-Verordnung zur Wirkungsgradsteigerung bei Elektro-Motoren [53]

Die Entwicklung in Richtung Energieeffizienz bei den Motoren wird weitergehen. Die neue EU Verordnung sieht weiter vor, dass ab 1.Januar 2015 Drehstrommotoren von 7,5 kW bis 375 kW entweder der höheren Effizienzklasse IE3 entsprechen, oder in der IE2-Variante mit Frequenzumrichter ausgerüstet sein müssen. Ab 1. Januar 2017 betrifft diese Regelung auch Motoren von 0,75 kW bis 7,5 kW. Ab 1. Juli 2021 und ab 1. Juli 2024 tritt Phase 4 in Kraft die Regelung für Motoren von 0,12 kW bis 1000 kW.

Technologisch werden diese Anforderungen durch verschiedene Varianten gelöst.

- mehr Kupfer in den Motoren
- Motoren mit integriertem Frequenzumrichter
- Synchron-Motoren mit Permanentmagnet

Der Einsatz von energieoptimierten Motoren ist nicht nur aus Energiespar-Gründen sinnvoll. Beim Betrieb von Pumpen, die oft mehrere Jahrzehnte funktionstüchtig sind, ergibt sich außerdem eine erhebliche Kostenersparnis. Je nach Pumpengröße und Betriebsstunden pro Jahr, haben sich solche Pumpen schon nach wenigen Jahren amortisiert.

Diesbezüglich sind schon neuartige, drehzahlvariable Asynchron-Motoren mit Display am Markt verfügbar. Der Umrichter ist dabei axial zum Motor auf der Welle montiert und besitzt eine Energiespar-Funktion, sowie eine Betriebsdatenerfassung, die gegen Netzausfall abgesichert ist. Die Daten werden bis zu 6 Stunden gespeichert.

Weitere Besonderheiten solche Motoren:

- Umgebungs-Temperatur bis 50 °C ohne Leistungsreduzierung
- Temperaturüberwachung, vielfältige Schutzfunktionen
- Prozessregelung über U/f-Kennlinien
- USB-Schnittstelle, über PC, Adapterkabel als Standard

- Kommunikation via Feldbusanbindung: RS 485, CAN Open, ProfiNet, ProfiBus,
  oder OPC-UA
- 3-phasig, 200-480 V: Größen: 0,75 kW; 1,5 kW; 2,2 kW; 3,5 kW; 5,5 kW
- 1-phasig, 0-230 V: Größe: 2,2 kW
- Schutzart: IP 55 Standard, optional: IP 65, Zulassungen: CE und UL

Da die effektiveren Motoren weniger Abwärme entwickeln, ist in vielen Fällen kein Lüfterrad notwendig. Auch die Optimierung der elektrischen Wicklung ergibt eine Wirkungsgradverbesserung.

Spezielle Kugel-/Wälzlager (Low-torque-Wälzlager) weisen ein 40-50 % geringeres Reibmoment auf. Die geringere Reibung ermöglicht oftmals die Auswahl eines kleineren Elektromotors. Eine Wirkungsgradverbesserung um 1,5 – 2 % scheint realistisch zu sein.

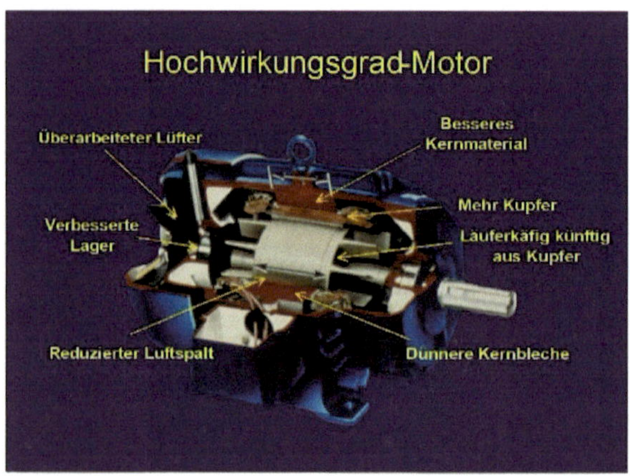

Bild 117: Optimierungsmöglichkeiten am elektrischen Antrieb [42]

Ausgehend von Pumpen mit viel effektiveren Motoren, kann weiteres Optimierungs-potential konstruktiv umgesetzt werden.

Untersuchungen ergaben, dass bezüglich der Pumpenhydraulik durchaus noch Potential besteht. Durch Verbesserung der Oberfläche an Laufrad, Druckdeckel und Spiralgehäuse kann der Wirkungsgrad noch um einige % erhöht werden. Optimierung von Spaltweite und Entlastungsart leisten einen weiteren Beitrag.

Gut ausgewuchtete Laufräder bewirken neben weniger Geräuschentwicklung auch einen geringeren Energieverbrauch.

Die Reduzierung der Wanddicken bei den Laufrädern bringt eine Gewichtseinsparung. Durch das geringere Gewicht wird das Trägheitsmoment Jw reduziert. Vor allem auch bei häufigem An- / Abschalten sowie Drehzahländerungen bringt dies Einsparung von Energie.

Bei den Gleitringdichtungen kann durch Glättung der Berührungsflächen oder Einbringen eines dünnen Schmierfilms zwischen die Flächen, der Reibungs-widerstand, der in Verlust-Wärme umgewandelt wird, reduziert werden. Noch besser sind diamantbeschichtete Gleitringdichtungen.

Die erwartete „Summe" der Energieeinsparung könnte bei der Komponente Pumpe +/- 10 % Wirkungsgradverbesserung ergeben.

Nach der Betrachtung der Komponente Pumpe soll eine Gesamt-Systembetrachtung des Pumpensystems erfolgen:

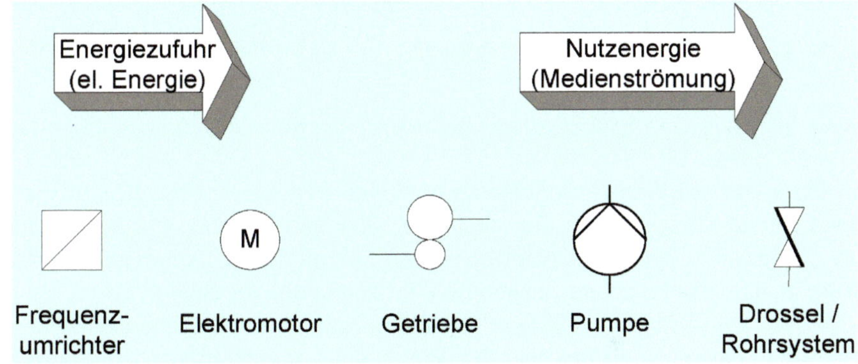

Grafik 9: Einzelkomponenten eines Pumpensystem – optional [42]

Da Pumpen-Systeme oft sehr komplex sein können und unterschiedliche Komponenten umfassen, muss bei der Systemanalyse jede Komponente separat betrachtet werden. Jeder Einzelwirkungsgrad bestimmt den Gesamtwirkungsgrad maßgeblich.

Eine optimale Anpassung an den Betriebspunkt kann durch das Abdrehen der Laufräder und den Einsatz von Frequenzumrichtern geschehen.

Die Prozessoptimierung (Kaskadenschaltung, exakte Definition v. Förderhöhe und Durchsatz) bietet unabhängig von der Pumpe hohes Einsparpotential.

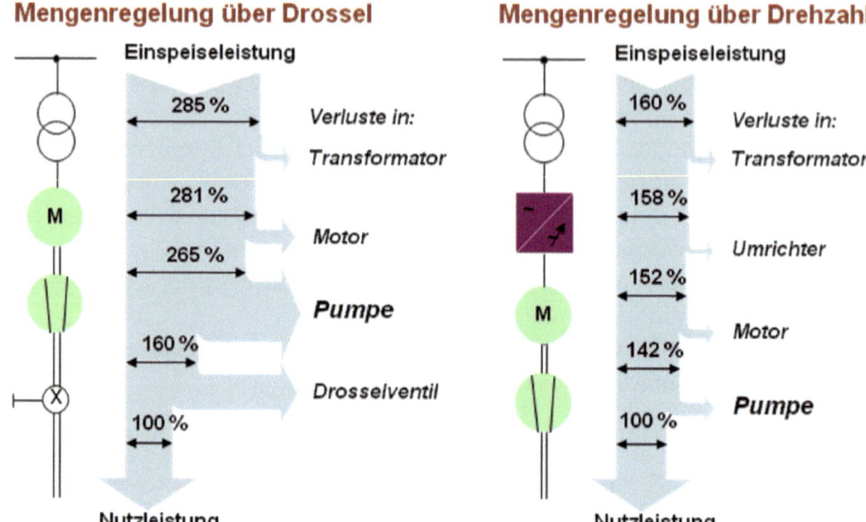

Grafik 10: Vergleich Drossel-Regelung mit Drehzahl-Regelung [42]

In obiger Grafik ist die Förderleistung bzw. Nutzleistung im Vergleich zur notwendigen elektrischen Leistung dargestellt. Die Nutzleistung wurde hier mit 100 % angesetzt. Vergleicht man die beiden Energiefluss-Diagramme, so wird deutlich, dass das Haupteinsparpotential im Antriebsprozess liegt.

Bei der konventionellen Drossel-Regelung muss das 2,85-fache der Förderleistung in Form von elektrischer Energie aufgewendet werden. Die elektronische Drehzahl-Regelung fordert hingegen nur das 1,6-fache.

Weniger Energieverbrauch des Gesamt-Systems durch zusätzliche Maßnahmen wie optimale Anpassung an den Betriebspunkt, Optimierung von Rohrleitung, Ventilen, Drehzahlregelung durch Frequenzumrichter, sowie Prozessoptimierung der Anlage, könnten durchaus 30-35 % System-Wirkungsgradverbesserung bewirken.

8.3. Lebenszykluskosten

Um die Kosten von Pumpen näher analysieren zu können, ist es notwendig, eine Gesamtkostenbetrachtung durchzuführen. Diese Betrachtung beinhaltet die Berechnung der sogenannten „Lebenszykluskosten“.

Diese Aspekte von TCO (Total Cost of Ownership) und LCC (Life Cycle Cost) rücken bei der Betrachtung der Standzeit einer Pumpen-Anlage in den Vordergrund.

Dem erklärten Ziel von vielen Betreibern, Pumpen-Anlagen zu kaufen, bei denen die gesamten Kosten, von der Anschaffung über die Betriebskosten bis hin zur Verwertung über einen Zeitraum von 20 – 30 Jahren genau definiert werden können, wird damit Rechnung getragen. In diesen Lebenszykluskosten (LCC) sind auch die Kosten für Instandhaltung, Reparaturen und vor allem der Verfügbarkeit der Anlage, bzw. die Kosten für den Ausfall bei Stillstand der Anlage enthalten.

D.h. im Rahmen der TCO-Betrachtung geht der Wert für die höhere Standzeit direkt in die Wirtschaftlichkeitsberechnung mit ein.

Die Mehrinvestition in qualitativ hochwertige Pumpen mit speziellen Beschichtungen, energiesparenden Motoren oder intelligenten Regelungen, ist in den allermeisten Fällen sehr viel wirtschaftlicher, als der Verzicht darauf.

Die Kosten für Reparaturen und Ausfall der Pumpenanlagen sind sehr viel höher.

Die Lebenszykluskosten [LCC – Life Cycle Costs] setzen sich in der Summe folgendermaßen zusammen:

LCC = Summe aus: Cic + Cin + Ce + Co + Cm + Cs + Cenv + Cd

Wobei:

Cic	=	Anschaffungskosten
Cin	=	Einrichtung und Inbetriebnahme
Ce	=	Energiekosten
Co	=	Betriebskosten
Cm	=	Ausfallzeit, Produktionsverlust
Cs	=	Instandhaltungs- und Reparaturkosten
Cenv	=	Umweltkosten
Cd	=	Stilllegung und Entsorgung

Die Hauptkostenfaktoren ergeben sich aus:

Anschaffungskosten, Instandhaltung, Energiekosten, sonstige Kosten

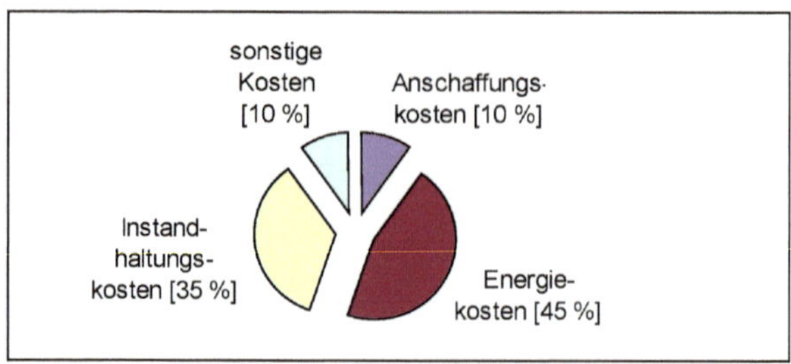

Diagramm 28: Kostenaufteilung bei Pumpen

Bei Betrachtung der Kostenanteile ist unübersehbar, dass auf Instandhaltung und Energieverbrauch das Hauptaugenmerk gerichtet werden muss. Lösungen dazu sind: Verschleißschutz zur Reduzierung der Instandhaltung und Reparatur, Optimierung des Energieverbrauchs durch Frequenzumrichter, hydraulische Optimierung des Systems, sowie energieoptimierte Motoren.

8.3.1. Anschaffungskosten

Da die Anschaffungskosten bei der LCC-Betrachtung nur mit rund 10 % zu Buche schlagen, ist der Anschaffungspreis weniger relevant als die übrigen Kosten. Fällt also eine kostengünstige Pumpe nach 2 Jahren aus und muss ersetzt werden, sind keine Kosten gespart im Vergleich zu einer Pumpe, die 15 Jahre in Betrieb ist. Die Wirtschaftlichkeit lässt sich mit bereits verfügbarer LCC-Software verschiedener Anbieter berechnen, um einen Vergleich einzelner Pumpenvarianten durchzuführen. Der Kaufpreis einer Pumpe muss also immer den übrigen Kosten gegenübergestellt werden, insbesondere den Kosten für Energie und Instandhaltung.

8.3.2. Energiekosten

Im Vergleich zu den Anschaffungskosten, die einmalig als Fixbetrag (incl. Abzinsung) anfallen, sind die Energiekosten sehr dynamisch.

Obwohl auch Energiekosten Schwankungen unterworfen sind, war und ist die Tendenz aber immer steigend. Bei einem Anteil der Energiekosten von ca. 45 % der LCC ist dies der kritischste Faktor, dessen Teuerungsrate nur sehr schwer abschätzbar ist. Energie zu sparen durch Anlagenoptimierung, energiesparende Motoren oder elektrische Drehzahlregelung ist deshalb in jedem Fall wirtschaftlich. Die Amortisationszeiten reichen hier von einigen Monaten bis zu einigen wenigen Jahren.

Im Folgenden wird dies an zwei konkreten Beispielen dargestellt:

Prozesspumpen, **Beispiel 1:**

Vor der Optimierung	Nach der Optimierung
Regelung: Bypass + Drosselventil	Frequenzumrichter
Überdimensionierte Pumpe, 18,5 kW	Energieeffiziente Pumpe, 1,5 kW
Stromverbrauch: 57 000 kWh	Stromverbrauch: 5 590 kWh
	Investition: 3 800,- €
Stromkosten: 6840,- €	Stromkosten: 670,- €
Senkung des Stromverbrauchs: 51 410 kWh/Jahr	
Kostensenkung: 6 170,- €/Jahr (bei Stromkosten von 12 cent/kWh)	
CO_2 – Reduzierung: 33 t/Jahr (bei deutschem Strommix: 633 g CO_2/kWh)	
Amortisationszeit: < 1 Jahr	

Tabelle 22: Kosten- und CO_2 *-Einsparung bei einer Pumpenanlage*

Prozesspumpen (27 Pumpensysteme, ca. 2 500 Pumpen), **Beispiel 2:**

Vor der Optimierung	Nach der Optimierung
Regelung: Bypass + Drosselventil	Frequenzumrichter
Überdimensionierte Pumpen	Energieeffiziente Pumpen/ IE2-Motoren
Stromverbrauch: 2 305 000 kWh	Stromverbrauch: 1 678 530 kWh
	Investition: 111 530,- €
Stromkosten: 276 600,- €	Stromkosten: 201 424,- €
Senkung des Stromverbrauchs: 626 470 kWh/Jahr	
Kostensenkung: 75 180,- €/Jahr (bei Stromkosten von 12 cent/kWh)	
CO_2 – Reduzierung: 400 t/Jahr (bei deutschem Strommix: 633 g CO_2/kWh)	
Amortisationszeit: ca. 1,5 Jahre	

[7]

Tabelle 23: Kosten- und CO_2 *-Einsparung bei mehreren Pumpensystemen*

Durch den Ersatz der Drossel-Regelung oder der Bypass-Regelung durch eine Drehzahl-Regelung mit Frequenzumrichter, kann der Wirkungsgrad der Pumpen um einige Prozent gesteigert werden.

8.3.3. Wartung und Reparatur

Qualitativ gute Pumpen haben zwar gegebenenfalls einen höheren Preis, sind aber meist wartungsfrei und wenig reparaturanfällig. Regelmäßige Wartung gemäß dem entsprechenden Wartungsplan hilft aber die Gesamtkosten zu minimieren. Vor allem bei kritischen oder komplexen Anlagen ist eine vorausschauende Instandhaltung zu empfehlen. Geeignete Zustandsüberwachungs-Systeme (Condition Monitoring) sind bereits am Markt verfügbar. Damit lassen sich Störungen, die letztendlich Kosten bedeuten vermeiden. Auch hier kann mittels LCC-Software die Wirtschaftlichkeit bzw. die Amortisationsdauer errechnet werden.

8.3.4. Sonstige Kosten

Ein weiteres Zehntel der Gesamtkosten kann unter dem Faktor „sonstige Kosten“ zusammengefasst werden. Kosten für Einrichtung/Inbetriebnahme, Betriebs- und Umweltkosten sowie Kosten für Produktionsverlust bei Störungen.

Ein installiertes Zustandsüberwachungssystem, das hilft Störungen mit darauffolgen-dem Produktionsausfall zu vermeiden, hat sich in den meisten Fällen sehr schnell amortisiert. Kosten für Stilllegung und Entsorgung wirken sich bei einer langen Lebensdauer einer Pumpe nicht so sehr aus. Umso mehr aber bei kurzer Lebensdauer.

8.3.5. Software zur LCC-Berechnung

Am Markt sind bereits verschiedene Softwaresysteme zur LCC-Berechnung verfügbar.

- Wälzlager: http://bearinx-online-easy-friction.schaeffler.com
- Anlagen: www.world-class-manufacturing.com
- Pumpensysteme: www.system-energieeffizienz.de
- Pumpen/elektr. Antriebe: www.zvei.org/Lebenszykluskosten

Der Lebenszykluskostenrechner für Pumpen ermöglicht, die Systeme, auch mit unterschiedlichen Last- und Leistungsprofilen zu vergleichen. Es können die verschiedene Betriebsparameter für die Berechnung verschiedener Pumpensysteme eingegeben werden. Das Berechnungsergebnis ist ein Kosten-Wert, der die Lebenszykluskosten der Systeme vergleichen lässt, um das günstigste auszuwählen. In den meisten Fällen wird nicht das System mit den günstigsten Investitionskosten das kostengünstigste sein, sondern das System mit den niedrigsten Energie- und Instandhaltungskosten.

8.3.6. Zusammenfassende Betrachtung der LCC

Kosten für Instandhaltung und Energie machen zusammen ca. 80 % der Gesamt-kosten aus. Wartungsarme Pumpensysteme, die meist in der Anschaffung teurer sind aber höheren Qualitätsstandards entsprechen, zahlen sich ganz sicher aus. Energiesparende Maßnahmen zu treffen, vor allem bei Pumpen im Dauerbetrieb, gehört mit zu der effektivsten Systemoptimierung.

Die Kosten für Energie und Material werden in den nächsten Jahren definitiv steigen. Einerseits fließen die Energiekosten direkt in die Kosten für den Betrieb einer Pumpen-Anlage pro Betriebsstunde bzw. pro Jahr mit ein. Da aber die Material-verarbeitung, beispielsweise eines Gussgehäuses oder die Kupferwicklung eines Elektromotors ebenfalls Energie verbrauchen, wirken sich steigende Energiekosten auch auf die Herstellkosten und somit gleich mehrfach negativ aus.

Umso mehr wird, was bei anderen Produkten bereits als Kennwert gilt, die sogenannte „pay back time“ in den Vordergrund rücken. Das bedeutet, der Zeitraum, in dem sich eine verbesserte Pumpenanlage amortisiert. Allein durch die zunehmende Materialverknappung werden die Materialpreise steigen. Die Kosten, die von den Energiekosten abhängig sind wie Förderung, Transport und Verarbeitung, kommen hinzu. Recyclingfähige Produkte, mit wiederverwertbaren Materialien, werden an Bedeutung gewinnen. Je recyclingfähiger eine Pumpe ist, desto höher wird ihr Restwertsein zum Zeitpunkt der Entsorgung sein. Das bedeutet, beim Kaufpreis einer Pumpe wird zunehmend der Recyclingwert Berücksichtigung finden.

8.4. Kostensteigerung und Materialverknappung

Schäden und Verschleiß sind immer verbunden mit Materialverbrauch, Kosten und schlussendlich mit Energieverbrauch. Deshalb ist auch hier eine ganzheitliche Betrachtungsweise angebracht. Zunehmend werden Materialien, die wiederverwert-bar sind eingesetzt werden. Energiekosten werden immer stärker die Gestaltung der Produkte beeinflussen.

8.4.1. Energiekosten-Steigerung

In den letzten Jahren sind die Energiekosten kontinuierlich angestiegen. Die stagnierende bzw. abnehmende Rohölförderung deutet auf eine Verknappung der Ölreserven hin. Im Jahre 2008, einem Jahr mit sehr hohem Wirtschaftswachstum, stiegen die Energiepreise in nie dagewesene Höhen, der Rohölpreis lag im Juni 2008 bei 140 US $ pro Barrel. Nach einem Rückgang in Jahre 2009 wurde der Spitzenwert in 2011 wieder nahezu erreicht.

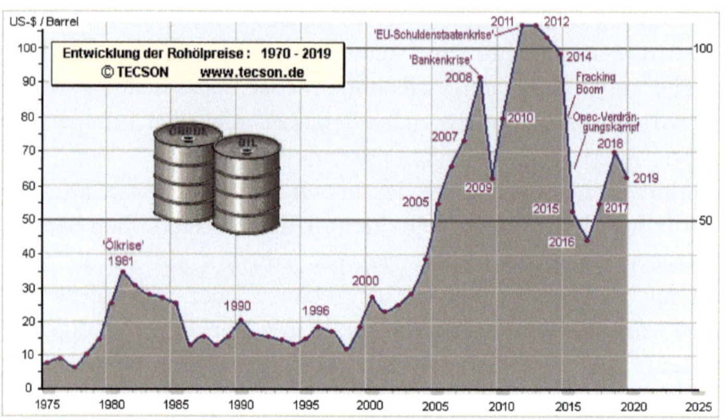

Quelle: TESCON, www.tescon.de, 2020

Diagramm 29: Durchschnittlicher Jahresölpreis in US$ pro Barrel

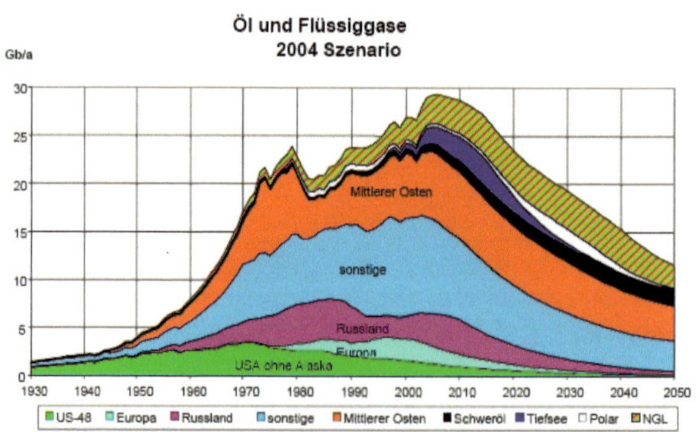

Diagramm 30: Weltweit abnehmende Förderung von Öl und Flüssiggasen [Peak Oil]

Wissenschaftler der Vereinigung „Association for the study of Peak Oil“ rechnen zukünftig mit einer stark rückläufigen Rohöl-Förderung. Demzufolge werden die Energiepreise kontinuierlich ansteigen und direkt die Produktionskosten, auch bei Pumpen, beeinflussen.

8.4.2. Materialkosten

Die Materialkosten bilden im produzierenden Gewerbe mit mehr als 45 % noch vor den Personalkosten, den größten Kostenblock. Während die Arbeitsproduktivität seit 1960 um den Faktor 3,5 gesteigert werden konnte, blieb die Entwicklung der Materialproduktivität weit zurück (Faktor 2). Studien haben gezeigt, dass eine 20%ige Steigerung der Materialeffizienz bis zum Jahre 2015 realisierbar erscheint. [6]

Da die Materialkosten unmittelbar mit Kosten für Transport, Energie und Entsorgung verbunden sind, ist das Einsparpotential hier bei einer Verbesserung der Material-effizienz sehr hoch.

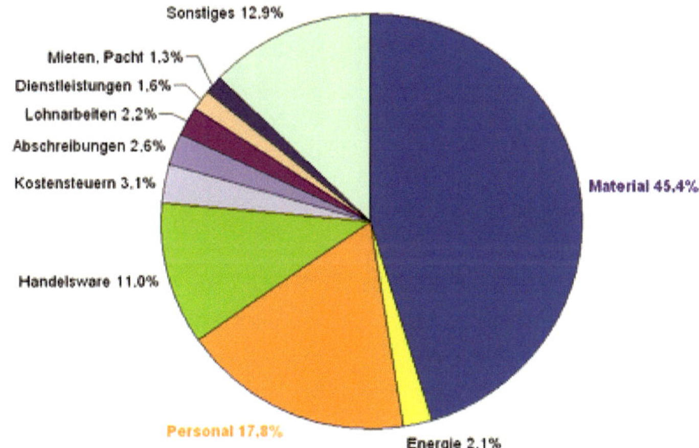

(Grafik: Statistisches Bundesamt, 2010)
Diagramm 31: *Kostenstruktur im Produzierenden Gewerbe, [www.demea.de]*

Material effizient einsetzten bedeutet, sowohl bei der Herstellung der Produkte den Ausschuss und Verschnitt zu minimieren, als auch das fertige Produkt hinsichtlich des Materialeinsatzes zu optimieren. Moderne Computer-Simulationswerkzeuge bieten hier vielfältige Möglichkeiten um beispielsweise Wanddicken zu reduzieren.

Fertigungsmethoden und Produkt-Design müssen dem optimierten Materialeinsatz angepasst werden.

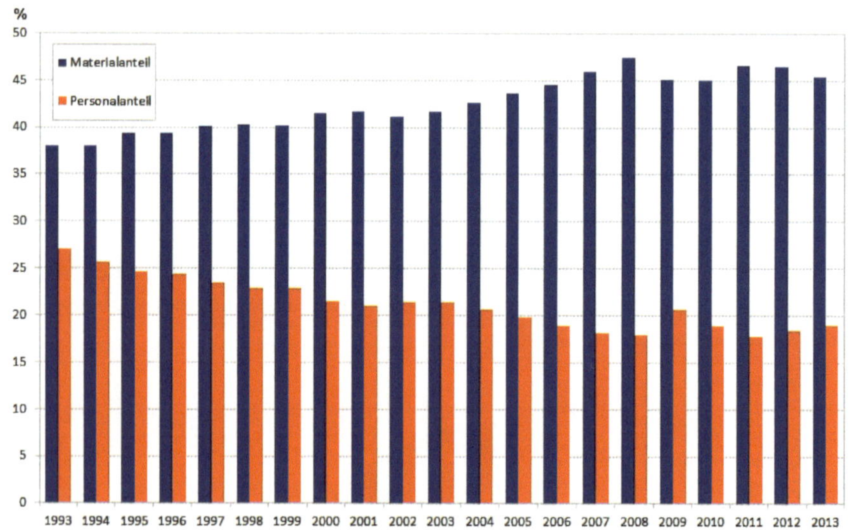

Diagramm 32: Kostenanteile Material und Personal
[Quelle: RKW Kompetenzzentrum]

Im Vergleich zu den Kosten für Personal sind die Kosten für Material in den letzten Jahren kontinuierlich gestiegen. Einerseits gibt es hier Einsparpotential, andererseits ist es aber umso wichtiger, den Materialeinsatz so zu gestalten, dass die Produkte bzw. Pumpen möglichst lange ohne Störung und Verschleiß funktionsfähig sind.

Um aber Schäden an Pumpen zu minimieren, sind hochwertige, verschleißfeste Materialien empfehlenswert. Da über die Lebensdauer der Pumpe betrachtet, die Anschaffungskosten den kleineren Anteil ausmachen, ist die Investition in eine hochwertige, langlebige und wartungsarme Pumpe lohnenswert.

8.4.3. Recycling - Materialrückgewinnung

Steigende Energie und Materialpreise werden zukünftig mehr und mehr die Art und die Ausführung der Pumpen und Systeme bestimmen.

Konsequenterweise werden Pumpenbauteile aus den Metallen wie Stahl, Kupfer und Aluminium langlebig und recyclingfähig sein müssen. Nach der Entsorgung werden sie sorgfältig in ihre Einzelteile zerlegt und wiederverwertet werden. Auch die Komponenten der Elektromotoren werden, in Einzelteile zerlegt, wiederverwendet werden.

Bauteile aus Kunststoff werden nur wettbewerbsfähig sein, wenn sie entweder sehr kostengünstig herstellbar und entsorgbar sind, oder voll recyclingfähig.

Die Materialverknappung wird dazu führen, dass eine Standzeiterhöhung noch mehr wie bisher bares Geld bedeutet. Den Produktionsausfall durch ein gut funktionierendes Pumpensystem zu vermeiden, wird zu noch höheren Kosten-einsparungen wie bisher führen.

9. Literaturverzeichnis

[1] ATB GmbH; Interne Schriften, ATB Antriebstechnik GmbH, Welzheim, 2013

[2] Balasz-Klein,I. ;Steigerung der Energie-Effizienz von Kreiselpumpen – Untersuchungen zur hydraulischen und antriebstechnischen Optimierung, Bachelor-Thesis, Hochschule Reutlingen, Reutlingen, 2010.

[3] Böhm, W.; Elektrische Antriebe, Vogel Verlag, Würzburg, 2009.

[4] Bohl,W., Elmendorf,W.; Technische Strömungslehre, Vogel-Verlag, Würzburg, 2008.

[5] Bosch Rexroth AG; Rexroth Praxisseminar – Elektrische Antriebe 2005, Lohr, 2005.

[6] demea; Basisinformationen, warum ist Materialeffizienz wichtig; Deutsche Material-effizienzagentur (demea); www.demea.de; Berlin, 2011.

[7] dena; Erfolgsbilanz bei Pumpensystemen: Energieeffizienz lohnt sich, Deutsche Energieagentur, Berlin, 2007.

[8] dena; Contracting, Betriebsführungs-Contracting, www.energieeffizienz-im-sevice.de, Deutsche Energieagentur, Berlin, 2011.

[9] DFKI; Von Industrie 1.0 zu Industrie 4.0, Deutsches Forschungszentrum für künstliche Intelligenz, Kaiserslautern, 2011.

[10] DIN 31051; Grundlagen der Instandhaltung, Deutsche Norm, Deutsches Institut für Normung, Berlin, 2003.

[11] DIN 50902; Korrosionsschutzschichten und ihre Herstellung, Deutsche Norm, Deutsches Institut für Normung, Berlin, 1994.

[12] EagleBurgmann Germany GmbH & Co. KG; Magnetkupplungen, Wolfratshausen, 2015.

[13] Edelstahl Rostfrei – Eigenschaften; Merkblatt 821, Informationsstelle Edelstahl Rostfrei, Düsseldorf, 2006.

[14] Energieeffizienz; Ministerium für Umwelt, Klima und Energiewirtschaft Baden Württemberg, www.umweltschutz-bw.de, Stuttgart, 2011.

[15] Kalenborn; Verschleißschutz für Anlagenkomponenten und Rohrleitungen, Kalenborn Kalprotect Dr. Mauritz GmbH & Co.KG, Vettelschoss.

[16] Hastrich, H.P.; Schäden an Pumpen und Pumpensystemen, Seminar-Manuskript Technische Akademie Esslingen, Esslingen, 2010.

[17] Henzelmann,T.; Büchele, R.; Der Beitrag des Maschinen – und Anlagenbaus zur Energieeffizienz; Roland Berger Strategy Consultants, Studie im Auftrag des VDMA, Frankfurt a. M., 2009.

[18] Hagl, R.; Elektrische Antriebstechnik, Carl Hanser Verlag, München, 2015

[19] Hochschule Karlsruhe; Zusammenschaltung von Widerständen,

www.eit.hs-karlsruhe.de/hertz/teil-b-gleichstromtechnik/zusammenschaltung-von-widerstaenden-und-idealen-quellen, Karlsruhe, 2020

[20] Isecke,B., Mietz, J.; Vermeidung der Korrosion nichtrostender Edelstähle in chlorid-belasteter Schwimmhallen-Atmosphäre, Dokumentation 882, Informationsstelle Edelstahl Rostfrei, Düsseldorf, 2001.

[21] Lenze; Dezentrale Antriebstechnik, Lenze Automation GmbH, Hameln, 2011.

[22] Liedtke, D.; Nitrieren und Nitrocarburieren, Seminar-Manuskript, Technische Akademie Esslingen, Esslingen, 2005.

[23] Mansius, R.; Praxishandbuch Antriebsauslegung, Vogel Business Media GmbH & Co. KG, Würzburg, 2017.

[24] Merkle,T., Reuschel, A., Schmauder, S.; Hart im Nehmen – Prozesssicherheit durch Verschleißschutz, Verfahrenstechnik, Vereinigte Fachverlage, Mainz, 2010.

[25] Merkle,T.; Verfahren und Vorrichtung zur Überwachung von Pumpenanlagen, Patentschrift DE 10 2004 028 643, München, 2005.

[26] Moxa Europe GmbH; Aus der Ferne überwachen – Echtzeit-Statusüberwachung im Ethernet-Netzwerk, messtec drives Automation, GIT-Verlag, Weinheim, 2011.

[27] NBE GmbH; Wechselstrommotoren, NBE Elektrische Maschinen und Geräte GmbH www.nbe-online.de, Halle/Saale, 2020

[28] Nill, A, Röhrle B.; Das Energiemanagement der Landeswasserversorgung – Rückblick und Ausblick, LW Schriftenreihe, Stuttgart, 2017.

[29] OPC Unified Architecture; Interoperabilität für Industrie 4.0 und das Internet der Dinge, OPC Foundation, Scottsdale, USA, 2016.

[30] Piesslinger-Schwaiger,S., H. Zahel; Höhere Korrosionsbeständigkeit von Edelstahl durch Polinox Protect und Polinox Protect TC; Poligrat AG, München, 2011

[31] Process-Seminar; Pumpenseminar, Störungsfrüherkennung, Vogel-Verlag, Würzburg, 2005.

[32] Prognos AG; Energieeffizienz in der Industrie – eine makroskopische Analyse der Effizienzentwicklung unter besonderer Berücksichtigung der Rolle des Maschinen- und Anlagenbaus, Studie im Auftrag des VDMA, Berlin, 2009.

[33] PSIPENTA Software Systems GmbH; industrie 4.0 magazin, Berlin, 2015.

[34] Reuschel, A., Merkle,T., Schmauder, S.; Dem Verschleiß auf der Spur; Process 3-10, Vogel-Verlag, Würzburg, 2010.

[35] Schmalenberger GmbH + Co. KG; interne Schriften und Berichte 2003 – 2011.

[36] Sigloch,H.; Technische Fluidmechanik, Springer-Verlag, Berlin, 2008.

[37] Sigloch,H.; Strömungsmaschinen, Carl Hanser-Verlag, München 2009.

[38] Siemens AG; Energieoptimierung für Industrie und Infrastruktur, Erlangen 2008.

[39] Siemens AG; Reluktanzmotoren, Interne Schriften, www.siemens.de/reluktanzantriebssystem, Siemens AG, München, 2015

[40] Solid Works; Flow Simulation Tutorial, solidpro GmbH, Seligenstadt, 2011.

[41] Solid Works; Sieben Kerntechnologien der Flow Simulation, solidpro GmbH, Seligenstadt, 2011.

[42] Steins, D; Betriebskosten senken mit Energiesparmotoren; Deutsches Kupferinstitut, Düsseldorf, 2011.

[43] Schmitt-Kreiselpumpen GmbH & Co. KG; Kreiselpumpe mit Magnetkupplung, Ettlingen, 2019.

[44] TEIKOKU ELECTRIC MFG.CO.LTD; Spaltrohrmotorpumpen, Japan, 2020.

[45] Todorov, V.; Neue Materialien zur Erhöhung der Verschleiß – und Korrosionsfestigkeit von Kreiselpumpen, Studienarbeit, Institut für Materialprüfung, Werkstoffkunde und Festigkeitslehre, Universität Stuttgart, Stuttgart, 2005.

[46] VDI-Richtlinien; VDI 3822, Schadensanalyse; Grundlagen und Durchführung einer Schadensanalyse, VDI, Düsseldorf, 2010.

[47] VDI-Richtlinien; VDI 3832, Körperschallmessungen zur Zustandsbeurteilung von Wälzlagern an Maschinen und Anlagen, VDI, Düsseldorf, 2007.

[48] VDI/VDE; Cyber Physical Systems: Chancen und Nutzen aus Sicht der Automation, Düsseldorf, 2013.

[49] VDMA; Der Beitrag des Maschinen – und Anlagenbaus zur Energieeffizienz, Frankfurt a. M., 2009.

[50] VDMA; Pumpen Lebens-Zyklus-Kosten, Frankfurt a. M., 2003.

[51] VDMA; Leitfaden Industrie 4.0 trifft Lean, Frankfurt a. M., 2018.

[52] Verschleißbeständige weiße Gusseisenwerkstoffe – Zentrale für Gussverwendung, Düsseldorf.

[53] Verordnung (EG) Nr. 640/2009 der Kommission zur Durchführung der Richtlinie 2005/32/EG des Europäischen Parlaments und des Rates im Hinblick auf die Festlegung von Anforderungen an die umweltgerechte Gestaltung von Elektromotoren, Brüssel, 2009.

[54] Volz, M.; Nicht alle Industrial-Ethernet-Systeme werden sich am Markt durchsetzen, messtec drives Automation, GIT-Verlag, Weinheim, 2011.

[55] Vortmann, C.; Untersuchungen zur Thermodynamik des Phasenübergangs bei der numerischen Berechnung kavitierender Düsenströmungen, Universität Karlsruhe, Karlsruhe, 2001.

[56] Wagner, W.; Rohrleitungstechnik, Vogel-Verlag, Würzburg, 2008.

[57] Wagner,W.; Kreiselpumpen und Kreiselpumpenanlagen, Vogel-Verlag, Würzburg 2009

[58] Wärmebehandlung von Stahl – Nitrieren und Nitrocarburieren; Merkblatt 447, Stahl-Informations-Zentrum, Düsseldorf, 2005.

Bildnachweis

[Bild 4], Schmalenberger GmbH + Co. KG (T. Merkle)

[Bild 5,6,7,8,9,10,11,12,13,14,15,16,17,18, 19, 20, 21, 22, 23, 34, 60, 61, 67, 69, 70, 85, 88, 89], Schmalenberger GmbH + Co. KG (S. Schneider)

[Bild 36], Merkle, T.

[Bild 39], Schmalenberger GmbH + Co. KG (Hausmann, M.)

[Bild 41,42], Schmalenberger GmbH + Co. KG (Tagliavia, G.)

[Bild 73, 74, 75]; Uhthoff & Zarniko GmbH, Berlin, 2011.

[Bild 87,90], Schmalenberger GmbH + Co. KG (Przibylla, R.)

[Bild 91,92,93,94,95,96,100,101,102,103], Hastrich, H.P.; Dr.Sibaei+Hastrich Ingenieur-gesellschaft b.R., Holzkirchen.

[Bild 104], Steins, D; Betriebskosten senken mit Energiesparmotoren;

Deutsches Kupferinstitut, Düsseldorf, 2011.

[Grafik 1], Merkle, T.

[Grafik 2], Schmalenberger GmbH + Co. KG (Tagliavia G.)

[Grafik 5], Schmalenberger GmbH + Co. KG (Hausmann, M.)

[Grafik 7,8], Schmalenberger GmbH + Co. KG (Przibylla, R.)

[Tabellen 1,2,3,4,5,6,7,13,16,17,19,20,21,22,23] ; Merkle, T.

[Diagramm 25,26], Piesslinger-Schwaiger, S., H. Zahel; Höhere Korrosionsbeständigkeit von Edelstahl durch Polinox Protect und Polinox Protect TC; Poligrat AG, München, 2011

[Diagramm 19], Schmalenberger GmbH + Co. KG (S. Hack)

Nicht gekennzeichnete Bilder, Grafiken, Diagramme, Tabellen: Schmalenberger GmbH + Co.KG

10. Verwendete Formelzeichen und Einheiten

Zeichen

H	Förderhöhe
H_{stat}	statischer Förderhöhenanteil (Anlage)
H_{dyn}	dynamischer Förderhöhenanteil (Anlage)
J_W	Trägheitsmoment
η	Wirkungsgrad
P	Förderleistung
Re	Reynoldszahl
Q	Fördermenge
V	Strömungsgeschwindigkeit
$p1$	Druck im Eintrittsquerschnitt der Anlage
p_{amb}	Luftdruck
p_v	Dampfdruck des Fördermediums
n	Drehzahl
n_q	spezifische Drehzahl
v_1 =	Durchflussgeschwindigkeit im Eintrittsquerschnitt der Anlage
ν	kinematische Viskosität (Nü)
z_s	geodätische Höhe bezogen auf das Bezugsniveau
ρ	Dichte des Fördermediums
g	örtliche Fallbeschleunigung

Einheiten

A	Stromstärke
1/min	Drehzahl
bar	Druck
°C	Temperatur
f	Frequenz (Hz)
HV	Härte in Vickers
K	Einheit für Temperaturdifferenz
kg/m^3	Feststoffanteil
kg/l	Feststoffanteil
kW	Leistung / Motorleistung
mg/l	Cl-Ionenanteil
m/s	Strömungsgeschwindigkeit
m/s^2	Erdbeschleunigung (9,81 m/s^2)
N/mm^2	Zugspannung (E-Modul)
µm	Schichtdicke
m^3/h	Durchfluß/Volumenstrom
V	Volt

Register